新型农民学历教育系列教材

实用毛皮动物养殖技术

主　编

谷子林　王立泽

副主编

刘　伯　黄仁录　刘亚娟　黄玉亭

崔亚利　景　翠　姜国均

编著者

（以姓氏笔画为序）

马学会　王立泽　王　磊　王志恒　仝　军

乔海云　孙利娜　李素敏　李艳军　谷子林

陈赛娟　范京惠　赵　超　赵驻军　郭万华

郭洪生　黄　军　葛　剑　董　兵　穆春雨

U0207713

金盾出版社

内 容 提 要

本书是"新型农民学历教育系列教材"的一个分册,由河北农业大学谷子林教授等主编。内容包括水貂、狐、貉的生物学特性与品种,饲料与营养,饲养管理,繁殖和饲养场所建设;还介绍了力克斯兔的起源及毛色品系,饲养管理,选育技术,屠宰取皮及兔皮的质量标准以及毛皮动物疾病防治。文字简练流畅,内容深入浅出,可操作性强,可作为农民大学专科教育教材和农村干部培训教材,亦可供广大农村干部和具有中等以上文化程度的农民自学使用。

图书在版编目(CIP)数据

实用毛皮动物养殖技术/谷子林,王立泽主编 . —北京:金盾出版社,2009.3
(新型农民学历教育系列教材)
ISBN 978-7-5082-5556-9

Ⅰ. 实… Ⅱ.①谷…②王… Ⅲ. 毛皮动物—饲养管理—教材
Ⅳ. S865.2

中国版本图书馆 CIP 数据核字(2009)第 013753 号

金盾出版社出版、总发行
北京太平路 5 号(地铁万寿路站往南)
邮政编码:100036 电话:68214039 83219215
传真:68276683 网址:www.jdcbs.cn
封面印刷:北京金盾印刷厂
正文印刷:北京四环科技印刷厂
装订:海波装订厂
各地新华书店经销
开本:850×1168 1/32 印张:8.25 字数:206 千字
2009 年 3 月第 1 版第 1 次印刷
印数:1~10 000 册 定价:15.00 元
(凡购买金盾出版社的图书,如有缺页、
倒页、脱页者,本社发行部负责调换)

新型农民学历教育系列教材

编审委员会

主　任

王志刚

副主任

申书兴　李　彤

委　员

谷子林　钟秀芬　卢国林

张春雨　李存东　赵慧峰

翟玉建　党会智　李　明

孙建设　桑润滋　黄仁录

李铁栓　许月明　李建民

序　言

新世纪新阶段,党中央、国务院描绘出了建设社会主义新农村的宏伟蓝图,这是落实科学发展观,构建和谐社会,全面建设小康社会的伟大战略部署,也为我们高等农林院校提供了广阔的用武之地。以科技、人才、技术为支撑,全面推进社会主义新农村建设的进程是我们肩负的神圣历史使命,责无旁贷。

我国是一个农业大国,全国 64% 的人口在农村,据统计,现有农村劳动力中,平均每百个劳动力,文盲和半文盲占 8.96%,小学文化程度占 33.65%,初中文化程度占 46.05%,高中文化程度占 9.38%,中专程度占 1.57%,大专及以上文化程度占 0.40%;而接受高等农业教育的只有 0.01%,接受农业中等专业教育的有 0.03%,接受过农业技术培训的有 15%。农村劳动力的科技、文化素质低下,严重地制约了农业新技术、新成果的推广转化,延缓了农业产业化和产业结构调整的步伐,进而影响了建设社会主义新农村的进程。国家强盛基于国民素质的提高,国民素质的提高源于教育事业的发达,解决农民素质较低,农业科技人才缺乏的问题是当前教育事业发展,人才培养的一项重要工作。农村全面实现小康社会,迫切需要在政策和资金等方面给予倾斜的同时,还特别需要一批定位农村、献身农业并接受过高等农业教育的高素质人才。

我国现有的高等教育(包括高等农业教育)培养的高级专门人才很难直接通往农村。如何为农村培养一批回得去、留得住、用得上的实用人才,是我一直在思考的问题。经过反复论证,认真分析,我校提出了实施"一村一名大学生工程"的设想,经教育部、河北省教育厅批准,2003 年我校开始着手实施"一村一名大学生工程",培养来自农村、定位农村,懂农业科技、了解市场,为农村和农业经济直接服务、带领农民致富的具有创新创业精神的实用型技术人才。

实施"一村一名大学生工程"是高等学校直接为农村培养高素质带头人的特殊尝试。由于人才培养目标的特殊指向性，在专业选择、课程设置、教材配备等方面必然要有很强的针对性。经过几年的教学探索，在总结教学经验的基础上，2006年我校组织专家教授为"一村一名大学生工程"相关专业编写了六部适用教材。第二期十八部教材以"新型农民学历教育系列教材"冠名出版，它们是《实用畜禽繁殖技术》、《畜禽营养与饲料》、《实用毛皮动物养殖技术》、《实用家兔养殖技术》、《家畜普通疾病防治》、《设施果树栽培》、《果树苗木繁育》、《果树病虫害防治》、《蔬菜病虫害防治》、《现代蔬菜育苗》、《园艺设施建造与环境调控》、《蔬菜育种与制种》、《农村土地管理政策与实务》、《农村环境保护》、《农村事务管理》、《农村财务管理》、《农村政策与法规》和《农村实用信息检索与利用》。

本套教材坚持"基础理论必须够用，使用语言通俗易懂，强化实践操作技能，理论密切联系实际"的编写原则。它既适合"一村一名大学生工程"两年制专科学生使用，也可作为新时期农村干部和大学生林业培训教材，同时又可作为农村管理人员、技术人员及种养大户的重要参考资料。

该套教材的出版，将更加有利于增强"一村一名大学生工程"教学工作的针对性，有利于学生掌握实用科学知识，进一步提高自身的科技素质和实践能力，相信对"一村一名大学生工程"的健康发展以及新型农民的培养大有裨益。

河北农业大学校长　王志刚

2008 年 9 月

前　言

　　毛皮动物养殖业属于新兴的产业,近几年在我省发展很快,成为特养业中的一朵奇葩,畜牧养殖业中的生力军。以水貂、貉、狐和獭兔为代表的毛皮动物,以其特殊的产品——毛皮及其制品,满足国内外中高档人群的消费需求,同时为广大的养殖场(户)带来不菲的收入。

　　河北省的毛皮动物养殖比较集中。水貂、貉、狐的养殖主要分布在唐山—秦皇岛地区、张家口—承德地区、蠡县—肃宁枣强一带;前两个地区具有悠久的历史和养殖习惯,后一地区具有良好的市场销售条件和毛皮加工基础。而獭兔除了这 3 个地区以外,几乎遍布全省各地,尤以邯郸的临漳县群体规模最大,产量、加工、销售初步形成规模化。与此同时,以东北三省为首的我国北部的其他省份,毛皮动物养殖也如火如荼,方兴未艾。

　　我国毛皮动物养殖,经过广大科技工作者多年的不懈努力,取得了丰硕成果。在品种的引进和培育、营养需要研究和饲料生产、人工授精技术的应用和提高毛皮质量技术开发、皮张的鞣制和服装加工等,均有所突破。产品在国际市场上占据相当的份额。但是我们应该清醒地看到,我国的毛皮动物养殖业,起步较晚,基础较差,技术力量相对薄弱,生产中还存在很多问题有待解决。在养殖规模、管理水平、品种质量、饲料营养、繁殖技术和疾病防控等方面,与发达国家有相当大的差距。正视这些问题,刻苦攻关,迎头赶上,是我们的当务之急。

为了满足广大毛皮动物养殖者对学习养殖技术的迫切愿望，同时满足其学历教育的要求。金盾出版社组织我们编写了《实用毛皮动物养殖技术》一书。内容包括：水貂、狐、貉、力克斯兔的养殖和疾病防治等共 5 章。本书既吸纳了国内外最新科技成果，又参考了前人的先进经验和技术，同时将编著者多年来积累的知识和经验融入其中，力求全面、通俗、实际、实用，为广大读者提供较为理想的普及性教材和生产参考资料。

　　由于时间紧迫，编著者知识、经验和文字水平的局限性，书中不足之处难免，恳请读者提出宝贵意见和建议。

编 著 者

2008 年冬于保定

目 录

第一章 水 貂

第一节 生物学特性与品种

一、分 类

水貂属于哺乳纲、食肉目、鼬科、鼬属的一种小型珍贵毛皮动物。在野生状态下,有美洲水貂和欧洲水貂2种。美洲水貂主要分布在北美洲的阿拉斯加到墨西哥湾以及欧洲的俄罗斯的西伯利亚等地区。美洲水貂共有11个亚种,其中与家养水貂关系最密切的有3个亚种。

二、形 态

水貂的形态和黄鼬相似。体细长,四肢短,趾基间有微蹼,头粗短,耳壳小,尾较长。野生水貂被毛多呈褐色,家养水貂经多代选育,毛色加深,多为黑褐色,被称为标准色水貂。经过多年人工培育,出现许多突变种,有数十种颜色,称为彩色水貂。

一般成年公貂体重1 800~2 500克,长40~50厘米,尾长18~22厘米;成年母貂体重800~1 300克,体长34~38厘米,尾长15~17厘米。

三、习 性

在野生状态下,水貂主要栖居在湖畔、河旁和小溪边,利用天然洞穴营巢。巢洞长1.5米以上,巢内铺有鸟兽羽毛和干草,洞口则开设于有草木遮掩的岸边或水下。水貂主要捕食小型动物,如野兔、野鼠、蝼蛄、鸟、蛇、蛙、鱼、鸟蛋及某些昆虫等。水貂的听觉、嗅觉敏锐,活动敏捷,喜欢游泳和潜水,常在夜间以偷袭方式猎取食物,性情凶残孤僻,除交配期和哺育仔貂期外,均单独散居。

美洲水貂原产于高纬度地带,漫长的自然选择,使其在遗传上获得了具有明显季节性繁殖的属性。每年只繁殖 1 次。2～3 月份交配,4～5 月份产仔,一般每胎产仔 5～6 只。9～10 月龄性成熟,2～10 年内有生殖能力,寿命 12～15 年。每年春、秋季各换毛 1 次。

水貂的天敌有野狗、狐狸、山狸、猫头鹰和其他猛禽。

四、品　种

国内目前饲养的水貂主要有标准水貂和彩色水貂两大类型。

标准水貂通指被毛黑褐色的色型,其中主要类型有美国本黑水貂、金州黑色标准水貂。

彩色水貂通指被毛颜色异于标准水貂的其他色型,其中主要色型有白色系列的丹麦红眼白水貂;蓝色系列的蓝宝石水貂、银蓝色水貂;黄色系列的米黄色水貂、珍珠色水貂;咖啡色系列的咖啡色水貂;黑十字系列的黑十字水貂;丹麦棕色系列的丹麦深棕色水貂、丹麦浅棕色水貂。

第二节　水貂的饲料与营养

一、饲料的种类及其利用

水貂的饲料主要有动物性饲料、植物性饲料、添加剂饲料。

(一)动物性饲料

1. 鱼类饲料　该类饲料是水貂动物性蛋白质的主要来源之一。除河豚鱼等毒鱼外,绝大部分的海鱼和淡水鱼均可作为水貂的饲料。

新鲜的海杂鱼最好生喂,水貂对其蛋白质的消化率高达92%,容易吸收,适口性好。轻度氧化腐败的海杂鱼,在非繁殖期,需要蒸煮消毒后熟喂。

在淡水鱼体内(特别是鲤科鱼类)含有硫胺酶,对维生素 B_1 有破坏作用。生喂这些鱼,常引起维生素 B_1 缺乏症。所以,用淡水鱼养貂,应经过蒸煮处理后熟喂,高温可以消除硫胺素酶的破坏作用。

鱼类饲料含有大量的不饱和脂肪酸,在运输、贮存和加工过程中,极易氧化变质,变成酸败的脂肪,对水貂有毒害作用。如果喂给妊娠水貂,能引起母貂死胎、烂胎和胚胎被吸收;如果喂给2~4月龄的幼貂,可发生黄脂肪病。此外,其对饲料中的维生素等营养物质还有破坏作用。

2. 肉类饲料　该类饲料是水貂的全价蛋白质饲料,含有水貂机体所需的全部必需氨基酸。同时,还含有脂肪、维生素和无机盐等营养物质。肉类饲料成本高,来源有限,应合理搭配使用。

在水貂繁殖期,严禁利用雌激素处理过的畜禽肉。否则,这种雌激素将造成母貂生殖功能紊乱,受胎率和产仔数明显降低;严重时,易引起母貂配种不孕。

3. 动物性副产品饲料　主要包括鱼头、鱼骨架以及畜禽的头、蹄、骨架、内脏和血液等。该类饲料也是水貂动物性蛋白质来源的一部分。除了肝脏、肾脏、心脏外,大多数副产品的消化率和生物学价值都较低。新鲜海鱼头、鱼骨架可生喂,其他副产品必须熟喂,但繁殖期只能占日粮动物性蛋白质的 20%左右。幼貂生长期和冬毛发育期可增加到 40%,但应与质量好的海杂鱼和肉类搭配。否则,易造成不良的生产效果。

肉类副产品在水貂日粮动物性饲料中占 40%~50%,其余的50%~60%配以小杂鱼、肌肉和其他动物性饲料。这样的日粮,对幼貂的生长、毛皮质量和种貂繁殖性能具有良好的效果。

4. 干动物性饲料 常用的干动物性饲料有鱼粉、干鱼、肝渣粉、蚕蛹粉(干)和羽毛粉等。

干动物性饲料的优点是:宜贮藏,好运输,粗蛋白质含量高;缺点是:营养物质消化率低,维生素缺乏,而且不同的生产厂家质量差异很大。因此,在用干动物性饲料养貂必须注意以下几点:①一定要注意其质量的优劣。②这类饲料必须用清水彻底浸泡后与其他新鲜的鱼类、肉类等饲料搭配使用。③在水貂繁殖期这类饲料占动物性饲料的比例为优质鱼粉,不超过 45%;优质干鱼,不超过 75%;优质鱼粉,不超过 20%;肝渣粉,不超过 10%;蚕蛹干或蚕蛹粉,不超过 20%。④有些干动物性饲料维生素和脂肪缺乏。因此,在使用时,要注意维生素和脂肪的供给。

5. 奶品和蛋类饲料

(1)**奶品** 是全价蛋白质的来源,多在水貂繁殖期和幼貂生长期使用。妊娠期一般每日可喂鲜奶 30～40 毫升,最多不超过 50 毫升,否则有轻泻作用。哺乳期保证鲜奶的供给,对维持母貂较高的泌乳量有良好的作用,特别是断奶的幼貂,日粮中利用 15% 的鲜奶,对其生长发育十分有利。利用干动物性饲料的貂场,应用鲜奶的量可逐渐增加,对幼貂的生长发育作用更为明显。鲜奶是细菌生长的良好环境,极易腐败变质。因此,饲喂给水貂的鲜奶一定要加热(70℃～80℃,15 分钟)消毒后使用。无鲜奶可用全脂奶粉代替。先将奶粉放在少量温开水中搅匀,然后再用开水稀释 7～8 倍。调制后尽量在 2 小时内用完,以防酸败变质。

(2)**蛋类** 鸡、鸭、鹅蛋是生物学价值很高的全价蛋白质饲料,同时含有营养价值很高的卵磷脂、各种维生素和矿物质。准备配种期的公貂每日每只用量 10～20 克,妊娠母貂和产仔母貂日粮中供给鲜蛋 20～25 克,蛋类必须熟喂,否则生蛋中所含有的卵白素会破坏饲料中的维生素 H(生物素),使水貂发生皮肤炎、毛绒脱落等疾病。孵化的废弃品(石蛋或毛蛋)也可以喂貂,但必须及时蒸煮消毒,其喂量与鲜蛋大体上一致。

(二)植物性饲料

1. 谷物类饲料 谷物类饲料是水貂日粮中碳水化合物的主要来源,常用的有玉米、高粱、小麦、大麦、大豆等。谷物饲料一般占水貂日粮总量的 10%~30%(干物质)。水貂对谷物的消化率较低,所以必须粉碎后蒸成窝头或制成烤糕。变质的谷物严禁喂给水貂。

2. 饼粕类饲料 大豆饼、亚麻饼、向日葵饼和花生饼含有丰富的蛋白质,但水貂对植物性蛋白消化率低。因此,在水貂日粮中利用不多。饼粕应蒸煮后熟喂,生喂不易消化。饲喂量不宜超过谷物饲料的 20%,否则会引起消化不良或腹泻。

3. 果蔬类饲料 一般占日粮(湿)总量的 10%~15%。常用的有白菜、甘蓝、油菜、胡萝卜和菠菜等。菠菜有轻泻作用,一般与白菜混合使用。未腐烂的次品水果也可代替蔬菜喂貂。沿海地区可用海带、紫菜、裙带菜等喂貂。

(三)添加剂饲料

常用的添加剂饲料有维生素、无机盐、抗生素和抗氧化剂。

1. 维生素饲料

(1)维生素 A 主要来源于鱼肝油、海杂鱼及家畜的肝脏,如常年饲喂这些富含维生素 A 的新鲜饲料,可以不添加维生素 A。水貂每千克体重每日需要维生素 A 450~500 单位,繁殖期应增加 1 倍。

(2)维生素 D 主要来源于鱼肝油、蛋类、奶类、肝脏及其他动物性饲料。在正常饲养条件下,只要饲料新鲜,一般不必另外添加,但在繁殖期和幼貂生长发育期对维生素 D 的需要量增加,在日粮中应适当添加,一般每千克体重每日添加 45~50 单位即可。

(3)B 族维生素 主要来源于酵母等饲料。每日在日粮中添加 3~5 克酵母,基本上能满足每只水貂对维生素 B 的需要。在水貂繁殖期或大量利用干动物性饲料时,还应添加维生素 B_1 和复合维生素 B 精制品。用量:维生素 B_1 为每千克体重每日 3～5 毫克,复合维生素 B 为 0.5～1 毫克。

(4)维生素 E 青绿饲料、小麦胚芽、生菜和棉籽油中含量丰富。水貂对维生素 E 的日需要量,一般可按每千克体重 3～4 毫克计算,准备配种期和繁殖期及不饱和脂肪酸含量高时,应增加 1 倍量供给。

2. 无机盐饲料 常用的有骨粉、骨灰和食盐等。

(1)骨粉 骨粉是水貂的钙、磷添加饲料。以畜禽内脏为主的日粮,每日每只应补充骨粉 2～4 克,以鱼为主的日粮,加 1～2 克为宜。

(2)食盐 食盐是水貂所需钠、氯的来源,必须常年添加。每日每只用量为 0.5～0.8 克。食盐过多时会发生中毒。

3. 抗生素 在水貂饲养上,常用的抗生素有粗制土霉素和四环素等。目前使用的饲用土霉素(含纯土霉素 3.5％～3.8％),主要在夏季投放能预防胃肠炎,提高饲料利用率,促进幼貂的生长发育。

成年貂每日每只 0.3～0.5 克,最多不超过 1 克(相当于 10～20 毫克纯土霉素),断奶幼貂 0.2～0.3 克。注意长时间使用同一种抗生素,易产生抗药性,所以应不断更换新品种。

4. 抗氧化剂 常用抗氧化剂有二丁基羟基甲苯、乙氧基喹啉、生育酚(维生素 E)等,用以防止维生素和不饱和脂肪酸氧化变质,其用量为:乙氧基喹啉占饲料的 0.015％ 以下,二丁基羟基甲苯占饲料中所含油脂的 0.02％ 以下,生育酚每千克体重以 5～6 毫克为宜。

二、饲料的营养作用

(一)蛋白质

1. 蛋白质是构成水貂体组织,体细胞的基本原料 水貂的肌肉、神经、结缔组织、皮肤、血液等,均以蛋白质为其基本成分。被毛由角质蛋白与胶质蛋白构成。蛋白质也是水貂体内的酶、激素、抗体、色素及肉、乳等的组成成分。

2. 蛋白质是水貂修补体组织的必需物质　水貂体组织器官的蛋白质通过新陈代谢不断更新,一般水貂机体的全部蛋白质经过 6～7 个月就有一半为新的蛋白质所更替。因此,即使对非生产期的水貂,也应供给必需量的蛋白质。

3. 蛋白质可以代替碳水化合物及脂肪的产热作用　在水貂体内供给热能的碳水化合物及脂肪不足时,蛋白质也可以在体内分解,氧化释放热能,以补充碳水化合物及脂肪产热能的不足。多余的蛋白质可以在肝脏、血液及肌肉中贮存一定数量,或经脱氨作用,将不含氮的部分转化为脂肪贮积起来,以备营养不足时重新分解,供水貂的热能需要。

4. 日粮中蛋白质不足和过剩的后果　水貂体内蛋白质不足,代谢变为负平衡,体重减轻,生长率及泌乳量降低,影响水貂繁殖。公貂精子数量减少,品质降低,母貂发情及性周期异常,不易受胎,胎儿发育不良,甚至产生怪胎、死胎及弱胎。如毛绒生长期,大量利用谷物饲料,会使水貂体型变小,毛绒发育不良,密度低或无光泽等,其原因主要与日粮中必需氨基酸含量不足,比例不当有关。

日粮中蛋白质过多,对水貂(特别是种貂)同样有不良影响,不仅造成饲料浪费,而且长期饲喂将引起机体代谢紊乱以及蛋白质中毒。

(二)脂类(脂肪和类脂肪)

1. 脂肪是构成水貂细胞的必要成分　例如:生殖细胞中的线粒体和高尔基体的组成成分主要是磷脂,神经组织中含有卵磷脂和脑磷脂,占固体物质的 50% 以上;血液中含有各种脂肪;在皮肤和被毛中含有很多中性脂肪、磷脂、胆固醇及蜡质等,使其具有良好的弹性、光泽和保温性能。由此可见,水貂要自己身体生长新组织、修补旧组织等必须由饲料中获得脂肪原料。

2. 脂肪是动物热能的重要来源，是贮存能量的最好形式 例如，水貂在 11 月份，体内积存占体重 30％左右的脂肪。1 克脂肪在体内氧化可产生 38.87 千焦的热能，比碳水化合物和蛋白质高 1 倍以上。在冬季，皮下脂肪有保护体温正常和防止体温过分散失的作用。

3. 水貂体内正常的内分泌活动，都需要脂肪为原料 如皮肤内维生素 D 的合成，公貂睾丸合成睾酮，母貂的卵巢合成雌二醇都需要固醇类作原料。水貂在哺乳期分泌乳汁也需要脂肪。例如，水貂在整个哺乳期每头母貂能分泌 1 千克以上的乳汁，其奶含脂肪 8％，这样在乳腺中形成的乳脂总量达 80 克以上。皮脂腺分泌的皮脂对毛皮质量影响很大，这些外分泌的形成，需要甘油三脂、磷脂及胆固醇作原料。生产实践中发现营养不良的母貂泌乳量低，皮肤干燥，毛绒脆弱等情况，所以脂肪不足是影响腺体分泌能力的原因之一。

4. 脂肪是维生素(A,D,E,K)及胡萝卜素的良好溶剂 这些维生素在体内运输是依靠脂肪进行的。在水貂饲养上鱼肝油(含维生素 A、维生素 D)、小麦胚芽油、棉籽油和玉米油(含维生素 E)是重要的维生素来源，缺少脂肪，脂溶性维生素及胡萝卜素就很难被水貂吸收利用。

(三)碳水化合物

1. 碳水化合物在水貂体内是形成组织(器官)所不可缺少的营养成分 例如，细胞核中的核糖，脑及神经中的糖脂，结缔组织中的氨基糖以及颌下腺和胃黏膜中的黏多糖(黏蛋白)等都需要糖作为构成的必要物质。

2. 碳水化合物在降低体内蛋白质的分解，节省体蛋白质上起着重要作用 因为体内蛋白质代谢产生的氨与碳水化合物的氧化物乳酸和丙酮酸，可结合成新的氨基酸，这样能弥补体内氨基酸的消耗。在水貂的泌乳期，由于分泌乳汁，母体蛋白质消耗增加，如果日粮中蛋白质供给数量不变，而碳水化合物又不足，那么母貂不仅消耗体蛋白质，而且泌乳量显著减少。因此，在水貂的泌乳期，供给充足的碳水化合物，可持续较长时间的泌乳量，同时能避免母貂体重的急剧下降，这对降低仔貂死亡率和保证仔貂良好的生长发育都具有重要的意义。

3. 碳水化合物能调节水貂体内的脂肪代谢，防止酮体过多 这种调节作用，对水貂来说，具有非常重要的实际意义。因为当水貂日粮中长期缺乏碳水化合物，机体惟有依赖肉类和鱼类饲料中的脂肪和蛋白质维持其新陈代谢。由于大量的分解脂肪和蛋白质，在体内形成超过生理范围的氧化不完全的代谢产物——酮体，并在血液中蓄积。酮体呈酸性，由于蓄积超过了正常的生理浓度，使尿中酮体的排泄量增加，产生酸中毒现象。如果在日粮中加入一些碳水化合物，那么，在物质代谢中，脂肪和蛋白质的消耗量就能下降，酮体的产生减少。可见，在日粮中经常保持一定量的碳水化合物，对调节物质代谢是有益的，同时也是预防水貂酸中毒的有效措施。

4. 碳水化合物是水貂体内热能的主要来源之一，1 克可消化的碳水化合物，在体内氧化产生的代谢能量为 17.13 千焦 碳水化合物在水貂体内的营养作用是，一部分碳水化合物作为机动贮备，一部分构成体组织，一部分产生热能保持体温，而大部分以动能的形式或潜能的形式用于发挥水貂的生产力。

在实际饲养水貂时，如果饲料中碳水化合物供应过低，不能满足水貂维持生理需要时，水貂为了保持正常的生命活动，就开始动用体内的贮备物质，首先是糖原和体脂肪，不足时，则挪用蛋白质代替碳水化合物，以解决所需要的热能与机械能。在这种情况下，水貂就出现身体消瘦、体重减轻、生产力下降等现象。

(四)矿物质(灰分)

矿物质在动物体内虽然含量很少,而且也不像脂肪、碳水化合物、蛋白质那样能供给动物体热能,但在动物营养上的作用却非常重要。

1. 钙、磷和镁 这3种矿物元素是构成骨骼的主要成分。机体中的钙99%存在于骨骼中,骨骼中的磷占80%左右。分析水貂的骨骼组织,水占20%～25%,而干物质占40%。水貂骨骼中矿物质含量为钙占36%,磷占17%,镁占0.8%。据报道,新生水貂骨骼占体重的16%,4个月龄时占10.1%,7个月龄时占5%左右。水貂奶中钙占干物质的0.91%,磷占1.03%左右。可见,在妊娠期、哺乳期和幼兽生长发育期,满足钙、磷的供给是非常必要的。如果饲料中供给不足或吸收障碍,那么将严重影响发育。如新生仔貂骨骼纤细、软弱、无吮乳能力等;幼貂骨骼生长发育不良,脊背凹陷,四肢短、细小而弯曲等,因而对皮张的幅度影响很大。

磷除了以磷酸和磷酸钙、磷酸镁的形式构成骨骼外,同时又是脑神经组织及细胞核的组成成分。血液中的磷对于碳水化合物的代谢是必需的,肌肉中的磷,对其正常运动有直接的关系。

镁在骨骼中含量最多(占总量的70%左右),其余分布于肌肉和血液等其他组织里。镁在机体内与钙、磷代谢有关,当饲料中镁盐含量增加时,会增加钙的排泄数量,特别是磷不足时,钙的损失更为严重。当钙、磷充足,并且比例适当,镁含量增加对钙影响不大。动物缺镁时,生长停止,易患皮肤病、神经失常,严重时引起痉挛。在水貂饲养上,目前还没有发现过缺镁的现象。

水貂机体对钙和磷的吸收是按比例进行的。日粮中钙、磷比例不当,将造成机体代谢紊乱。例如,在水貂饲养上,钙、磷的比例多采用1～2:1的范围。

2. 钠、钾和氯 钠和氯主要分布在水貂的血液和淋巴液中,它们都参与体内的物质代谢过程。

钠能保持细胞间渗透压的均衡,维持机体内的酸碱平衡。使组织保持一定量的水分,同时对心肌的活动也有调节的作用。哺乳动物血液渗透压等于 0.9% 的食盐水溶液,所以对于这种浓度的盐水,称为生理盐水。当饲料中钠不足时,体内钠就要减少,而动物为了保持血液中钠的正常浓度和渗透压,就要排出大量的水分;如果钠过多,机体内就要蓄积过多量水分,有时出现水肿的现象。

钾是细胞的组成成分,存在于动物的各种组织中,特别是肌肉、肝脏、血球和脑中含量较多。钾在细胞里与致活某些酶有关,缺钾时,幼龄动物的肌肉不能充分发育,心脏的功能失调,食欲减退,生长发育受阻。水貂的饲料中钾的含量十分丰富,因此一般很少有缺钾的现象发生。

氯在水貂体内分布很广,如细胞、各种组织及体液中均有存在;血液和淋巴液中含量较多,还有一部分以盐酸的形式存在于胃液里。肉食性的水貂,其胃液中含酸量较高,食物与胃液混合后呈酸性反应,其 pH 值为 2.6~4.6。如果水貂缺氯,胃液中盐酸就要减少,食欲明显减退,甚至造成消化功能障碍。

水貂所需要的钠和氯,主要靠肉、鱼类饲料的自然含量获得,因为动物性饲料中钠和氯的含量比植物性饲料丰富得多。在人工饲养的条件下,动物性饲料在贮存、洗涤和加工过程中,由于肉鱼类饲料液汁的流失,而造成钠和氯的损失,致使水貂食欲减退,生长缓慢,并减少对碳水化合物和蛋白质的利用能力。因此,为保证水貂的需要可往饲料中添加少量(0.35~0.5 克/千克体重)的食盐。

3. 铁、铜和钴　动物体内铁、铜和钴的含量很少,但却具有不可缺少的重要生理作用。铁、铜和钴与动物的造血功能有密切关系。

铁在水貂体内大部分与蛋白质结合,形成血红蛋白与肌红蛋白,同时它也是细胞色素和某些呼吸酶的必要成分。还有微量的铁与血浆球蛋白结合,随着血液的流动供应全身各部组织需要,如肝、脾及骨髓内的铁,细胞核染色质内的铁,细胞色素内的铁等。哺乳动物血红蛋白一般含铁为 0.34%,水貂正常血液中血红蛋白的含量为 18 毫克/100 毫升。

水貂饲料中缺铁或机体中发生铁的吸收障碍将出现贫血症。据学者研究,水貂饲料中某些种类的鳕鱼,如狭鳕、无须鳕等含有的物质可与饲料中铁质结合,变成难于吸收的物质,影响机体正常发育。幼貂日粮中大量长期的利用鳕鱼,将发生严重的贫血症,使血液中血红蛋白的含量比正常值(18%)低 2/3,深褐色标准貂绒毛逐渐的变成灰白色,十分脆弱,而针毛具有不正常的颜色。冬毛生长期,鳕鱼在日粮中占重量的 50% 时,绒毛脱色的幼貂有 20%~60%,这些水貂由于生长发育不良,6 月龄时体重比正常的水貂低 1/2。据报道,血液中血红蛋白降低至 14%~18% 的母貂,每胎仔貂数明显地低于 17%~19% 血红蛋白的母貂。

我国在生产实践中也发现,大量用明太鱼(属鳕鱼类)饲喂幼貂,到取皮时底绒灰白色,这是明太鱼缺铁造成的,补喂鲜血或补加铁盐即可避免。

铜是构成水貂机体的必要成分,已经证明饲料中缺铜时,动物的血液、肝脏、奶和毛内的含铜量就会减少,铜与血液的形成有关,其本身并不是血红素的构成成分,但它有催化血红素和红血球形成的作用。因此,缺铜可导致贫血症,生长停滞,毛绒脆弱,破坏含硫氨基酸的正常代谢,影响毛绒角蛋白和黑色素的形成,造成绒毛色泽不均匀,底绒灰白,有明显缺少色素的区域,严重影响毛绒的生长,降低毛皮质量。

在水貂的日粮中,一般很少缺铜,有些地区水貂日粮中缺铜和钴,产仔数明显下降,如果在日粮中补加铜和钴,在提高产仔数上能获得较好的效果。

钴在动物体内分布甚广,肝脏、脾脏及肾脏中含量最多,是维生素 B_{12} 的必需成分(维生素 B_{12} 含钴 4.5%)。钴的主要生理功能与造血作用有关,是正常红血球生成所必需。据徐丛(1980)报道,以海杂鱼为主的日粮饲喂水貂的烟台饲养场,曾 2 年在水貂繁殖期(1 月初至 5 月末)按每千克体重每昼夜添加氯化钴 0.15 毫克(配制成 0.001 的水溶液),试验组比对照组受胎率提高2.5%~3.28%,胎产仔数提高了 0.24~0.62 头,群体平均成活提高了 0.47~0.79 头。说明补加钴,可以减少胚胎死亡、流产和被吸收,并能提高仔兽的生活力。

4. 硫　硫主要以有机形式存在于蛋氨酸、胱氨酸及半胱氨酸中,维生素中硫胺素和生物素也含有硫。体内其他的含硫物质有含硫黏多糖、硫酸软骨素、硫酸黏液素及谷胱甘肽等。所有体蛋白质中都有含硫氨基酸(通常占蛋白质的 0.6%~0.8%),因而硫分布于动物体内的各个细胞。此外,机体内尚存少量的无机硫。

水貂所需的硫主要从饲料的粗蛋白质中得到。在试验时,饲喂缺硫日粮时,将使动物食欲丧失、掉毛、溢泪、流涎,并因体质虚弱而引起死亡。在春季和秋季被毛脱换前 1 个月,日粮中提高硫的供给量,能减轻自咬病和食毛症的发生,同时能促进毛绒生长和加速换毛过程的进行。

5. 碘　动物体内含碘很少,成年的水貂每千克体重通常含碘低于 0.6 毫克,有 70%~80% 集中于甲状腺中。按干重计算,甲状腺的含碘量为 0.2%~0.5%。碘作为甲状腺素的成分,同动物的基础代谢率密切相关,几乎参与机体的所有物质代谢过程。

动物缺碘后甲状腺增生肥大,基础代谢率下降。幼龄动物缺碘时生长延缓,骨架短小而形成侏儒;成年动物则发生黏液性水肿。病貂皮肤、被毛及性腺发育不良,胚胎发育期缺碘能引起胚胎早期死亡,胚胎吸收、流产及产无毛的弱小仔貂等;泌乳母貂缺碘,常因内分泌系统失调而造成泌乳中断。

6. 硒 目前,硒已被公认为是动物营养中不可缺少的生物活性很高的微量元素。已证明硒是谷胱甘肽过氧化物酶的活性成分,这种酶具有保护肝脏和红细胞结构与功能的重要生理作用。日粮中只有保持一定的硒水平,这种酶才具有活性,提高动物抵抗力。

硒作为一种微量元素,适宜剂量对动物有营养作用,同时也会因缺乏而致病或过量而中毒。缺硒会引起心肌和骨骼肌退化,即患"白肌病"。中国农业科学院特产研究所 1987～1988 年对日粮硒水平对育成期水貂机体的影响进行了初步研究。结果表明:在满足水貂对蛋白质和能量需要的情况下,水貂常规日粮含硒量1.6 毫克/千克(风干),能够满足育成期水貂对硒的营养需要。因此水貂日粮搭配上,对此种元素可不必考虑。水貂对日粮加硒有很强的适应能力,当加硒量从 0～4 毫克/千克变化时,血液、毛及内脏器官含硒量增加,同时粪、尿中的排泄量亦显著增加。正常采食情况下,日粮中含硒量水平超过 9.6 毫克/千克饲料(风干)时,水貂显著拒食。

除上述几种矿物质外,锰、锌、铬、钼、氟、硅亦同样为动物生命所必需,缺乏这些元素能引起水貂的某些组织代谢及功能异常。

另外,某些尚未确认为动物生命所必需的矿物元素如:铅、汞、镉及砷等,由于环境污染等原因,当过量进入机体时,影响动物健康并给生产造成危害。

(五)维 生 素

维生素在水貂体内有的不能合成,有的不能经常合成或合成速度不能满足水貂的需要,如果不从饲料中供给,机体中必需酶的合成就受到影响,新陈代谢的正常进行就要受到破坏,从而导致水貂生理和繁殖功能紊乱,直到生命过程完全停止而死亡。

水貂对维生素的缺乏或不足十分敏感,因为它们合成维生素的能力很低,除了维生素 K 和维生素 C 外,绝大多数都需从饲料中获得。

1. 维生素 A(抗干眼病维生素) 维生素 A 对维持水貂的皮肤、黏膜上皮细胞的形态及正常的生理功能具有极其重要的作用。当机体维生素 A 不足或缺乏时,主要表现为水貂的皮肤和黏膜上皮细胞角质化,这种现象可在皮脂腺、泪腺、生殖道、呼吸道、胃肠道等黏膜发生,造成分泌障碍,使正常的生理功能遭到破坏。

如果用缺乏维生素 A 的日粮饲喂幼龄水貂,经过 2～3 个月后,最初可观察到生长发育速度明显降低,继续下去可完全停止生长,推迟乳齿更换时间,并经常发生消化障碍(如腹泻),性成熟时间推迟,神经系统失调,丧失平衡,使步伐失调,经常在笼子里旋转,追逐自己的尾巴;病情进一步恶化时患干眼病。用这种日粮饲养时间越长(5～8 个月),神经失调越严重,并能发现在气管、支气管、肾盂和其他器官中有角化的上皮细胞。牙齿和骨骼发育受阻,体型变小。

2. 维生素 D(抗佝偻病维生素,骨化醇) 维生素 D 对水貂的主要功能是维持正常的钙和磷的代谢,能增加机体对钙和磷的吸收和贮存,促进钙化作用,参与骨骼和牙齿的形成过程。维生素 D 对钙和磷的供求量有调节作用,特别是当这些矿物质供给不足或由于某种原因不能被充分利用时。在水貂的钙、磷代谢上,维生素 D 的这种调节作用在妊娠、泌乳及幼貂生长发育期,具有非常重要的意义。

维生素 D 属于固醇类,种类很多,应用于水貂饲养的主要有两种即维生素 D_2 和维生素 D_3。维生素 D_2 的前身是麦角固醇,经紫外线照射后变成维生素 D_2,主要存在于植物性饲料里。维生素 D_3 的前身是 7-去氢胆固醇,主要存在于水貂的皮肤和毛绒中,经紫外线照射后变为维生素 D_3。所以,水貂除了从饲料中获得维生素 D 外,在光照的条件下本身有合成维生素 D 的能力,保证必要的光照,对防止缺乏维生素 D 是有益的。如果把水貂养在遮光的棚舍里,而喂给它们的动物性饲料是去骨的肉类和胃肠等副产品时,添加维生素 D 的精制品就更有必要了。

维生素 D 可溶于脂肪和一些有机溶剂中,但不溶于水,性质比较稳定,无机酸和过氧化氢能破坏它,但一般不易受碱的影响,在直射光线下加热到 125℃,维生素 D 能受到破坏,所以保存维生素 D 时应置于暗处,并用有色的玻璃容器。

3. 维生素 E(抗不育维生素,生育酚) 维生素 E 对水貂机体的正常代谢,维持生殖功能,防止饲料中的脂肪氧化具有重要的作用。因为维生素 E 在机体中参与许多生物化学过程,如维持内分泌腺的正常功能,调节脂肪的代谢,使性细胞正常发育等。

水貂维生素 E 缺乏病,多是因为饲料中含有大量的酸败脂肪,日粮中不饱和脂肪酸含量过高,或者维生素 E 供给不足所致。种貂维生素 E 缺乏后,主要表现为生殖器官病理性变化和生殖功能的紊乱;种公貂睾丸体积变小,精细管萎缩,精液生成发生障碍,精子形态异常、数目减少、活动力弱,母貂发情推迟,失配增加,最明显的表现为胚胎吸收,流产或死胎,胎产仔数下降,空怀率上升,母貂失去了正常生育能力。维生素 E 大量的积存在动物的脑垂体和胎盘里,维生素 E 不足必然会降低脑垂体前叶正常的分泌功能,使促卵泡素和促黄体酮素的分泌水平下降,从而导致性腺及内分泌功能的紊乱。

4. 维生素 K(抗出血维生素) 维生素 K 是一种对血液凝固有特殊作用的抗出血维生素,它是肝细胞合成凝血酶原的必需物质。水貂缺少维生素 K 时,可使机体凝血酶原水平下降到正常量的 15%～20%,造成胃肠道和皮下组织出血。

多数水貂,其成年机体的胃肠道中,通过微生物的作用能合成维生素 K,而且其合成速度能保证机体的需要。但是,当胃肠功能紊乱或长期利用抗生素药物时,能抑制肠道中微生物活动与繁殖,使合成维生素 K 的量减少。另外,当肝脏功能紊乱时(患病,胆汁分泌不足),能降低肠道吸收维生素 K 的能力,引起血液中维生素 K 的水平下降,体内凝血酶原的合成就要减少,致使机体出血。

成年水貂发生维生素 K 缺乏症一般很少。在饲养上要尽量地保证胃肠道功能正常,促进微生物合成维生素 K,而在日粮中补充维生素 K 是次要的。妊娠的母貂,当消化不良、患腹泻长时间不愈时,由于肠道中的食糜很快排出体外,使维生素 K 的合成发生障碍,这时如果不补加维生素 K,容易患维生素 K 缺乏症。仔貂生物合成维生素 K 的能力较低,为预防出血或贫血,可在母貂日粮中加入富含维生素 K 的饲料或制剂,如维生素 K 或甲萘醌等。

5. 维生素 B_1(抗神经炎维生素、硫胺素) 维生素 B_1 在水貂的物质代谢(碳水化合物和脂肪的代谢)中,具有重要的生理作用。水貂体内基本不能合成维生素 B_1,主要靠日粮中的含量满足需要。当机体缺乏维生素 B_1 时,碳水化合物的代谢强度和脂肪的利用率迅速减弱,丙酮酸在血液和组织中蓄积量不断增高从而引起水貂的酸中毒,出现缺乏维生素 B_1 的典型症状(多发性神经炎)。

我国很多水貂饲养场,对水貂的维生素 B_1 缺乏症进行过观察。当利用缺乏维生素 B_1 的日粮(以生江鱼组成)饲养 30 天时,试验水貂大量拒食(占 50%),呈现消化障碍,步态不稳,并逐渐消瘦,严重者抽搐,并有强烈的痉挛;后肢麻痹,最后昏迷而死亡。

妊娠母貂的日粮中维生素 B_1 不足时,其生育能力遭到严重破坏,胚胎发育不良,新生仔貂贫血、生活力弱,死胎、烂胎、流产和胚胎吸收较多,空怀率显著上升。随着维生素 B_1 缺乏程度和持续的时间不同,有 30%～100% 的母貂丧失正常的生育能力。

6. 维生素 B_2(核黄素) 维生素 B_2 在水貂的机体中与蛋白质、脂肪和碳水化合物的代谢有密切关系,它构成某些酶的辅酶成分,参与机体的生物氧化过程。缺乏维生素 B_2 时,新陈代谢发生障碍,幼貂生长发育受阻,同时皮肤和实质器官发生病理学变化,其症状是：皮肤干燥，表皮角质化，针毛粗糙、无光泽、颜色变白，绒毛红褐色以及被毛脱落等。

夏季水貂易患的肝脂肪变性病，与饲料中缺少维生素 B_2 有关。现已确定，缺乏维生素 B_2 水貂对链球菌和葡萄球菌的抵抗力降低，容易感染脓肿。此外，神经系统的功能也遭到破坏，患貂后肢不完全麻痹，有时出现抽搐和昏迷。

维生素 B_2 对水貂的生殖过程也是必需的，如果缺乏时母貂不能发情，长期缺乏时，母貂将失去繁殖能力，并无法医治恢复，即使受胎，但所产的仔貂，有 1/3 左右是先天性的畸形，骨骼发育不正常。

在水貂饲养的生产实践中，当利用高脂肪、低蛋白的日粮，特别是利用痘猪肉时，容易患维生素 B_2 缺乏症。所以，日粮中脂肪含量高时，要增加维生素 B_2 的供给量。另外，处于妊娠和哺乳期的母貂对维生素 B_2 的需要量也较高，亦应提高其供给量。

7. 维生素 C（抗坏血酸） 水貂机体中的维生素 C 参与细胞内的氧化还原反应，与蛋白质的合成和代谢有关，同时能保持细胞间质（骨细胞，毛细血管细胞间质）正常状态，对造血过程具有重要作用。

成年水貂的消化道中能合成维生素 C，当日粮中缺乏维生素 C 时，一般不降低组织和血液中的正常含量。但在日常的饲养条件下，供给水貂维生素 C 还是有益处的，因为它具有抗氧化作用，能提高机体的抵抗力，防止出血性病变，同时能增强仔貂的生活力。

母貂妊娠期，如果日粮中长期缺乏维生素 C（长期不供给蔬菜），初生仔貂易患红爪病，这可能是母貂妊娠时新陈代谢加强和胎儿迅速发育，对维生素 C 的需要量增加，而本身合成能力满足不了需要的结果。

为了预防本病的发生，妊娠母貂的日粮中要保证富含维生素

C 的蔬菜类饲料的供给。必要时补加维生素 C 制剂。

当水貂发生传染病或食物中毒时,全群投给维生素 C 和葡萄糖,有增强抵抗力、强心和解毒的作用。

维生素 C 溶于水,但水溶液极不稳定,易在空气中氧化破坏,所以,调制的水溶液应在 4 小时内用完。维生素 C 不耐热,高温易破坏,如大白菜炒 12～18 分钟,维生素 C 损失 47%,继续加热或延长热炒时间可完全破坏。维生素 C 在碱性环境中和光的作用下失效。各种蔬菜在日光下晒干,维生素 C 100% 丧失活性。此外,重金属(铁、铜等)以及其他氧化剂,也能破坏它。

8. 叶酸 叶酸在水貂机体中,与蛋白质的代谢及红血球的生成有密切关系。有人曾以水貂做试验,喂给水貂不含叶酸的日粮,生长发育受阻,体重减轻,消化紊乱,发生贫血症,皮肤代谢异常、脱毛、色素沉积障碍,局部毛色变成灰白。叶酸缺乏症和维生素 B_{12} 缺乏同时发生,贫血表现得非常明显。

9. 维生素 B_4(胆碱) 维生素 B_4 是水貂机体中物质代谢不可缺少的物质。试验证明,维生素 B_4 不足时,肝脏中沉积较多的脂肪,引起脂肪肝病,补喂维生素 B_4,可使肝脏脂肪减少,机体的健康状况得到改善。当喂给水貂营养价值低的动物性饲料时,会使日粮中维生素 B_4 的含量降低,使幼貂生长发育受阻,母貂泌乳量不足,毛绒变为黄锈色或棕褐色,严重的影响毛绒质量。

10. 维生素 B_3(泛酸) 维生素 B_3 在水貂体内是构成辅酶 A 的成分,对蛋白质、脂肪和碳水化合物的代谢有密切的关系。当机体缺少维生素 B_3 时,幼貂虽然有食欲,但生长受阻,身体衰弱,对成年水貂严重影响繁殖,胚胎死亡率增加,胎产仔数减少。

妊娠期日粮中含有充足的维生素 B_3,可提高母貂的繁殖力和仔貂的生活力。试验证明,大量饲喂鱼粉,煮熟的肉类和谷物,同时缺乏酵母等含维生素 B_3 的其他饲料时,会给妊娠母貂带来危害。当冬毛生长期机体缺乏维生素 B_3 时,能使毛绒变成灰白色或白色。

11. 维生素 B_{12} (抗恶性贫血维生素、钴胺素) 在水貂机体中, 维生素 B_{12} 具有多方面的生理作用, 其主要的功能为调节骨髓的造血过程, 与红细胞的成熟有密切关系。维生素 B_{12} 与胃液中的黏蛋白(称为内在的抗贫血因素)协同, 能显示出抗贫血作用。因为黏蛋白与维生素 B_{12} 的吸收有关, 黏蛋白与维生素 B_{12} 结合在一起, 形成一种复合物, 转运至肠道, 附着在肠黏膜的特殊受体上, 有促进肠上皮吸收维生素 B_{12} 的作用, 所以缺乏黏蛋白时, 维生素 B_{12} 就不能被机体吸收, 致使水貂患恶性贫血症。

水貂的日粮中肉、鱼类饲料占绝大部分, 因此含有较多的维生素 B_{12}, 基本能满足机体的需要, 但当谷物量加大或者机体患病影响了肠道吸收, 均能产生不足。牧区或肉类联合加工厂附属饲养场, 在饲养水貂时, 动物性饲料主要利用肺、胃、肠、气管、兔骨架、牛羊等副产品, 不用或少用肌肉, 容易引起维生素 B_{12} 的不足。试验证明, 在妊娠期补加维生素 B_{12} 能获得良好的生产效果。

维生素 B_{12} 无毒, 结晶呈紫红色。比较耐热, 在中性或酸性环境中加热至 100℃不被破坏, 在碱性环境中易失效。

(六) 水 分

水分是水貂的必需营养物质, 它是构成细胞原生质的主要成分。在动物体中水分大约占 2/3, 其中 40% 在细胞中, 20% 在组织里, 5% 在血液中。水貂机体失去全部脂肪和肝糖, 甚至失去 50% 蛋白质, 还可以勉强地存活, 但是如果机体失去 10% 的水分就会死亡。

水貂日粮中含有的各种营养物质(蛋白质、脂肪、碳水化合物、维生素)的消化、吸收和代谢, 都是在有水的环境中进行的。例如, 消化饲料所需要的唾液、胃液和肠液含 98% 的水分, 输送营养物质和代谢产物的血液含 90% 以上的水分, 排泄代谢产物的尿中含 95% 左右的水分。可见, 如果机体内水分不足或缺乏, 新陈代谢就不能正常地进行。

水分对水貂夏季调节体温,具有重要作用,要维持体温正常,就需要将体内多余的热量通过蒸发水分散失掉。据研究证明,每蒸发 1 毫升水,可散失 2.25 千焦的热能。水貂汗腺不发达,主要通过口腔黏膜、舌面和呼吸道等部位的水分蒸发而散失热能;另外,夏季饮水充足,是预防中暑的有效措施。

妊娠期和哺乳的母貂,由于代谢旺盛,需增加水的供给量,产仔期的母貂在产仔的过程中口渴,也需特别注意供水,生长期的幼貂,生长迅速,代谢旺盛,亦需要较多的水分,配种期的公貂,由于性活动旺盛,同时运动量较大,不注意供给充足的饮水,将过早地丧失性欲。

冬季(特别是北方严寒地区)虽然需水量低,但由于饮水困难(结冻),仍要保持每日供水 1 次,最好能供给温水。夏季炎热的天气,要经常不断的供水,地面洒水保持湿润,是防止水貂中暑的最有效的方法。

当水貂发生传染病(如巴氏杆菌病、伪狂犬病等)或饲料中毒时,貂群中大量出现食欲减退或拒食,此时增加供水次数,对机体排泄有毒产物,促进健康的恢复是有利的。例如,食盐过量或中毒,加强饮水能迅速恢复健康。

水貂在长途运输的过程中,饮水具有十分重要的意义。饲料要少喂,供水要多次少给,但要防止水貂玩水(水盒不宜太大),以免浸湿毛绒而引起感冒,这是运输成功的关键。

水源要保持清洁,严禁污染,否则能感染疾病,危害貂群的健康。因此,对水源要经常地进行卫生检验。

三、水貂饲料的加工与调制

(一)肉类和鱼类饲料的加工

新鲜海杂鱼和经过检验合格的牛羊肉、碎兔肉、肝脏、胃、肾、心脏及鲜血等,去掉大的脂肪块,洗去泥土和杂质,粉碎后生喂。

品质虽然较差,但还可以生喂的肉、鱼饲料,首先要用清水充分洗涤,然后用0.05%的高锰酸钾溶液浸泡消毒5～10分钟,再用清水洗涤1遍,方可粉碎加工后生喂。

淡水鱼和腐败变质、污染的肉类,需经熟制后方可饲喂。消毒方式要尽量采取蒸煮、蒸汽高压(98～196千帕压力)、短时间煮沸等方式。死亡的动物尸体、废弃的肉类和痘猪肉等应用高压蒸煮法处理。

质量好的动物性干粉饲料(鱼粉、肉骨粉等),经过2～3次换水浸泡3～4小时,去掉多余的盐分,即可与其他饲料混合调制供生喂。自然晾晒的干鱼,一般都含有5%～30%的盐,饲喂前必须用清水充分浸泡。冬季浸泡2～3天,每日换水2次,夏季浸泡1天或稍长一点时间,换水3～4次。没有加盐的干鱼,浸泡12小时即可达到软化的目的。浸泡后的干鱼经粉碎处理,再同其他饲料合理调制供生喂。

对于难消化的蚕蛹粉,可与谷物混合蒸煮后饲喂。品质差的干鱼、干羊胃等饲料,除充分洗涤、浸泡或用高锰酸钾溶液消毒外,需经蒸煮处理。高温干燥的猪肝渣和血粉等,除了浸泡加工之外,还要经过蒸煮。

表面带有大量黏液的鱼,按2.5%的比例加盐搅拌,或用热水浸烫,除去黏液。味苦的鱼,除去内脏后蒸煮熟再喂。这样,既可以提高适口性,又可预防动物患胃肠炎。

(二)奶类和蛋类饲料的加工

牛奶或羊奶喂前需经消毒处理。一般用锅加热至70℃～80℃,15分钟,冷却后待用。酸败的奶类(加热后凝固成块)不能用来饲喂水貂。蛋类(鸡蛋、鸭蛋、毛蛋、石蛋等)均需熟喂。

(三)植物性饲料的加工

谷物饲料要粉碎成粉状,去掉粗糙的皮壳,最好采用数种谷物粉搭配后熟制成窝头或烤糕的形式;也可将谷物粉制成粥混合到日粮中饲喂。蔬菜要去掉泥土,削去根和腐烂部分,洗净、搅碎饲喂。

(四)维生素饲料的加工

1. 酵母　常用的有药用酵母、饲料酵母、面包酵母和啤酒酵母。药用酵母和饲料酵母是经过高温处理的,酵母菌已被杀死,可直接加入混合饲料中饲喂。而面包酵母和啤酒酵母是活菌,喂前需加热杀死酵母菌,其方法是:把酵母先放在冷水中搅匀,然后加热到 70℃～80℃,经 15 分钟即可。酵母受潮或发霉变质,不能用来饲喂水貂。

2. 维生素制剂　鱼肝油和维生素 E 油,当浓度高时,可用植物油稀释后加入饲料。胶丸鱼肝油需用植物油稍加热溶解后加入饲料。一般将 2 日量 1 次加入饲料,效果较好。

维生素 B_1、维生素 B_2 和维生素 C 是水溶性的,三者均可同时溶于 40℃的温水中,但高温或碱性物质(苏打、骨粉等)易破坏其有效成分。

(五)矿物质饲料的加工

食盐可按一定的比例制成盐水,定量加入饲料中,搅拌均匀即可饲喂。也可以放入谷物饲料中。食盐的数量一定要准确,严防过量。

骨粉和骨灰可按量直接加入饲料中饲喂,但不能和 B 族维生素、维生素 C 及酵母混合一起喂,否则有效成分将会受到破坏。

(六)饲料的调制

各种饲料准备好后,就可进行绞碎和混合调制了。

四、水貂的营养需要

不同的生物学时期,水貂每日所需营养物质的数量不同。因此,我们必须根据其不同生物学时期的营养需要特点,为其提供足够的营养物质来满足其生长发育、繁殖、生产等要求。水貂每日的营养物质需要量见表 1-1 和表 1-2。

表 1-1　不同饲养时期成年水貂的每日每只营养需要

饲养时期	可消化营养物质（克）			维 生 素				
	粗蛋白质	粗脂肪	碳水化合物	A（单位）	E（毫克）	B_1（毫克）	B_2（毫克）	C（毫克）
配种准备期	20～28	5～7	11～16	500～800	2	0.5～1	0.2～0.3	10
配种期	20～26	3～5	10～14	500～800	2～2.5	0.5～1	0.2～0.3	10
妊娠期	27～36	6～8	9～13	800～1000	2～2.5	1～2	0.4～0.5	10～25
哺乳期	25～30	6～8	15～18	1000～1500	3～2.5	1～2	0.4～0.5	10
恢复期	22～28	3～5	12～18	400～500	2～3	0.5	0.5	10
生长期	27～35	8～12	14～20	400～500	2	0.5	0.5	10

表 1-2　水貂生长期每日饲料需要量　（1 只水貂的需要量）

区 分	性 别	周 龄				
		7	9	11	13	16
体重（克）	♂	690	940	1150	1320	1570
	♀	560	700	805	880	990
每日干饲料总量（克）	♂	37	60	78	91	104
	♀	32	52	68	79	86
每日湿饲料总量（克）	♂	112	180	236	276	315
	♀	97	152	206	239	261
蛋白质（克）	♂	9	15	20	23	26
	♀	8	13	17	20	22
维生素 A（单位）	♂	130	210	273	318	364
	♀	112	182	238	276	301
维生素 E（毫克）	♂	0.9	1.5	2.0	2.3	2.6
	♀	0.8	1.3	1.7	2.0	2.2
叶酸（毫克）	♂	0.019	0.030	0.039	0.046	0.052
	♀	0.016	0.026	0.034	0.040	0.043
维生素 B_2（毫克）	♂	0.060	0.09	0.12	0.14	0.16
	♀	0.050	0.08	0.10	0.12	0.13
维生素 B_1（毫克）	♂	0.044	0.072	0.094	0.109	0.125
	♀	0.038	0.062	0.082	0.095	0.103
烟酸（毫克）	♂	0.74	1.20	1.56	1.82	2.08
	♀	0.64	1.04	1.36	1.58	1.72

五、水貂的日粮配制及典型日粮配方

(一)水貂日粮配制

1. 日粮配制原则 ①保证营养需要。水貂在不同饲养时期对各种物质的需要量不同,在配制日粮时要按照水貂营养需要的特点,尽可能地达到日粮标准的要求。②合理调制搭配。配制日粮时,要充分考虑当地的饲料条件和现有的饲料种类,尽量做到营养完全、合理搭配。既要考虑降低饲养成本,又要保证水貂的营养需要。③避免拮抗作用。各种饲料的理化性质不同,搭配日粮时,相互有拮抗作用或破坏作用的饲料要避免同时使用。④保持相对稳定。在配合日粮时,还要考虑过去的日粮水平、貂群的体况以及存在的问题等,同时也要保持饲料的相对稳定,避免突然改变饲料品种。

2. 日粮配制方法 饲料单是日粮标准的具体体现,目前常用日粮配制方法是重量法。现以配制 100 只妊娠后期母貂的饲料单为例:

(1)确定日粮重量标准及饲料品种比例 根据日粮重量标准表(表 1-2),如每日应供给混合饲料 300 克。确定其中海杂鱼占 50%、鸡架 10%、牛奶 5%、鸡蛋 3%、玉米粉 10%、白菜 12%、水 10%。每日每只另添加酵母 3 克、骨粉 2 克、维生素 A 1 000 单位、维生素 D 100 单位、维生素 B_1 2 毫克、维生素 B_2 0.5 毫克、维生素 C 20 毫克、维生素 E 4 毫克、食盐 0.5 克。

(2)计算每只水貂每日供给各种饲料的重量

饲料重量=日粮的重量标准×饲料的重量比

海杂鱼 300 克×50%=150 克,鸡架 300 克×10%=30 克,鸡蛋 300 克×3%=9 克,牛奶 300 克×5%=15 克,玉米面 300 克×10%=30 克,白菜 300 克×12%=36 克,水 300 克×10%=30 克,合计 300 克。

(3)验证日粮中可消化蛋白质的含量 查饲料营养成分表,以日粮中各种饲料的重量乘该种饲料蛋白质的含量(％)，再累计相加，即得出日粮中蛋白质的数量。海杂鱼 150 克×13.8％＝20.7克，鸡架 30 克×12.6％＝3.78 克，鸡蛋 9 克×14.8％＝1.3 克，牛奶 15 克×2.9％＝0.4 克，玉米面 30 克×9％＝2.7 克，白菜 360克×1.4％＝0.5 克，合计 29.38 克。

经验证，日粮中的蛋白质含量可以满足母貂妊娠后期的需要。

(4)计算全群 100 只水貂每日所需的饲料量　同时，并按 4：6 分配早、晚用量，即拟订出母貂妊娠后期的饲料单，见表 1-3。

表 1-3　100 只母貂妊娠后期饲料单

饲　料	只(克)	100 只 (千克)	早饲 40％ (千克)	晚饲 60％ (千克)
基础饲料				
海杂鱼	150	15	6.0	9.0
鸡　架	30	3.0	1.2	1.8
鸡　蛋	9.0	0.9	0.4	0.6
牛　奶	15	1.5	0.6	0.9
玉米面	30	3.0	1.2	1.8
白　菜	36.0	3.6	1.4	2.2
水	30	3.2	1.2	1.8
合　计	300	30	12.0	18.0
添加饲料				
酵　母	3.0	0.3	0.1	0.2
骨　粉	2.0	0.2	0.08	0.12
食　盐	0.5	0.05	0.02	0.03
维生素 A(单位)	1000	100000		100000
维生素 D(单位)	100	10000		10000
维生素 B_1(毫克)	2.0	200		200
维生素 B_2(毫克)	0.5	50		50
维生素 C(毫克)	20	2000		2000
维生素 E(毫克)	4.0	400		400

(二)典型日粮配方

如表 1-4 所示配制水貂各生物学时期典型饲料配方。

表 1-4 水貂各生物学时期典型饲料配方

饲 料	饲养时期			
	繁殖期	哺乳期	育成期	冬毛生长期
基础饲料				
海杂鱼(%)	30	34	—	25
鱼粉(%)	9	9	8	—
肉类(%)	—	—	30	25
鸡蛋(%)	6	—	—	—
肝脏(%)	7	6	5	6
鸡副产品(%)	12	—	12	9
家畜副产品(%)	—	12	6	—
鲜奶(%)	—	3	—	—
脂肪(%)	—	1	1	2
窝头(%)	16	15	17	14
酵母(%)	1	1	2	2
蔬菜(%)	9	12	9	12
水(%)	10	7	10	6
合 计	100	100	100	100
添加饲料(每只日添加)				
骨粉(克)				
食盐(克)	0.3	0.3	0.3	0.3
维生素 A(单位)	500	800	500	500
维生素 E(毫克)	5	8	2.5	2.5
维生素 B_1(毫克)	2	2	1	1
维生素 B_2(毫克)	0.2	0.2	0.1	0.1
维生素 C(毫克)	10	20	10	15

第三节 水貂的饲养管理

由于水貂具有季节性繁殖、季节性换毛的特点,因此要根据水貂不同时期的生理特点及饲养管理特点,将一年划分为几个不同的饲养时期(表1-5)。但必须指出,水貂各个饲养时期是相互联系的,后一个饲养时期均以前一个饲养时期为基础,不能截然分开。

表1-5　水貂的饲养时期

貂别	月份			
	1 2	3	4 5 6 7 8	9 10 11 12
成年雄貂	准备配种后期	配种期	恢复期　　准备配种	准备配种前期（冬毛生长期）　后期
成年雌貂	准备配种后期	配种期　妊娠期	产仔泌乳期　恢复期　准备配种	准备配种前期（冬毛生长期）　中期
幼龄貂			哺乳期　育成期	准备配种期（种用）冬毛生长期（皮用）

一、准备配种期的饲养管理

(一)准备配种期的饲养

准备配种期从9月下旬(秋分)开始至翌年2月份为止,历时5个月。因准备配种期时间很长,又可分为3个阶段:9～10月份为准备配种前期,11～12月份为准备配种中期,翌年1～2月份为准备配种后期。准备配种期饲养的任务是:调整种貂体况,促进种貂生殖系统的正常发育。

1. 准备配种前期的饲养 主要是增加营养,提高膘情。此时日粮标准的代谢能应达到 1 172～1 340 千焦,其中动物性饲料要占 70%左右,而且要有 2 个以上的品种组成。日粮总量应达到400 克左右,其中蛋白质含量不应低于 30 克。

2. 准备配种中期的饲养 主要是维持营养,调整膘情,防止出现过肥和过瘦两极体况,所以不应采取一个模式的饲养标准。但无论何时,动物性饲料都必须达到 70%以上,蛋白质含量必须达到 30 克以上。

3. 准备配种后期的饲养 主要是调整营养和平衡体况。因此,在日粮标准的掌握上虽然数量不需要增加,但质量则需适当提高。此时,日粮标准应为 921～1 047 千焦,其中动物性饲料占75%左右,而且由鱼类、肉类、内脏、蛋类等组成。此外,还应注意维生素和微量元素的供给。

(二)繁殖力鉴定

在正常的饲养管理条件下,每到繁殖季节都会发现有相当数量的种公貂不育,往往使制订的选配方案不能顺利施行。同时,增加了其他可育公貂的负担,特别是随着越来越重视对水貂毛皮质量的选育,这一不育现象有愈加严重的趋势。因此,在繁殖季节到来之前,对这种公貂繁殖力进行估测,检出并淘汰不育公貂,很有必要。

目前,种公貂繁殖力的早期检测有睾丸触诊法、血清睾酮测定法、睾丸活力检查法和附睾采精法。在这里我们只介绍一种最简单常用的一种方法——睾丸触诊法。

雄性水貂睾丸从 12 月下旬起发育迅速,到翌年 1 月末至 2 月初达到最大尺寸,3 月中旬开始萎缩。而不育公貂的睾丸有 2 种情况:一种是从 12 月份至翌年 3 月份始终触摸不到,称之为隐睾症;另一种是睾丸发育延迟,即 1 月份至 2 月中旬睾丸较小,而 2

月末、3月初时增大,并达到正常大小。因此,在一定时期内通过触诊睾丸,可以在一定程度上估测雄性水貂的繁殖力。睾丸触诊的时间选择很重要,1月初公貂的睾丸直径,个体间差别很大,除隐睾外很难区别发育不良或正常的睾丸。以1月末到2月初进行2~3次触诊检查,效果较好。触诊时,根据阴囊内睾丸的大小、致密性、位置和滑动性结合判断。凡是触摸不到睾丸的;睾丸最大直径小于0.7厘米的;或者睾丸比较柔软的都必须淘汰。

(三)种貂体况鉴定和调整

水貂体质健康状况与繁殖力有密切关系,只有健康的体质、适宜的体况,才能保持其较高的繁殖力。因此,在准备配种后期,要尽力使全群种貂普遍达到中等体况,其中公貂适宜中等略偏上,母貂适宜中等略偏下。

1. 体况鉴定 体况鉴定有目测法、称重法和指数测算法。其中,比较简便实用的方法是目测法,其具体做法是:逗引水貂立起观察,中等体况的,腹部平展或略显有沟,躯体前后匀称,运动灵活、自然、食欲正常;过瘦的,后腹部明显凹陷,躯体纤细,脊背隆起,肋骨明显,多做跳跃式运动,采食过猛;过肥的,后腹部凸圆,甚至脂肪堆积下垂,行动笨拙,反应迟钝,食欲不旺。用此法应每周鉴定1次。

2. 体况调整 体况鉴定后,应对过肥、过瘦者分别做出标记,并分别采取减肥与追肥措施,以调整其达到中等体况。

(1)减肥办法 主要是设法使种貂加强运动,消耗脂肪。同时,减少日粮中的脂肪含量,适当减少饲料量。对明显过肥者,可每周断食1~2次。

(2)追肥办法 主要是增加日粮中的优质动物性饲料比例和总饲料量,同时给足垫草,加强保温,减少能量消耗。

3. 发情检查 水貂产仔率的高低与配种时间关系很大,而能否做到适时配种,又在很大程度上取决于能否准确掌握水貂发情的周期变化规律。因此,发情检查就成为一项十分必要的工作。

从1月份起,趁貂群活跃的时候,每5日或1周观察1次母貂外阴部变化,并逐个记录。如果在2月份发现大批母貂无发情征候,则意味着饲养管理上存在某种缺陷,必须立即查明原因,加以改进。

4. 加强运动　运动能增强体质。经常运动的公貂,精液品质好,配种能力强;母貂则发情正常,配种顺利。因此,在每日喂食前,可用食物或工具隔笼逗引水貂,使其进行追随运动。

5. 加强异性刺激　从配种前10天开始,每日把发情好的母貂用串笼箱送入公貂笼内,或将其养在公貂邻舍,或手提母貂在笼外逗引,即可通过视觉、听觉、嗅觉等相互刺激促进发情。但异性刺激不宜过早开始,以免过早降低公貂的食欲和体质。

6. 制订配种方案　根据系谱制订出配种方案,避免近亲交配。充分发挥优良种公貂的种用性能。

7. 准备好配种工具　在配种前要准备好配种所用的工具,如棉手套、捕貂网、串笼、显微镜、载玻片、玻璃棒等,以确保配种工作的顺利进行。

二、配种期的饲养管理

(一)配种期的饲养

配种期水貂性活动量加强,营养消耗较大,尤其公貂更为突出。因此,日粮必须具备营养全价、适口性强、容积较小、易于消化的特点。其每日总饲料量不宜超过250克,但蛋白质含量必须达到30克。由鱼、肉、肝、蛋、脑、奶等多种优质饲料组成的动物性饲料占75%～80%,谷物饲料可占20%～22%,蔬菜可占1%～2%或不喂。此外,每日每只还应加喂鱼肝油800单位,酵母5～7克,维生素E 2.5毫克,维生素B_1 2.5毫克,大葱2克,食盐0.5克。另外,对配种能力强和体质瘦弱的公貂,每日中午还可单独补饲优质饲料 80～100 克。此外,还要满足水貂饮水的需要。

(二)训练种公貂早期配种

按 1：4(公：母)留种的貂群,种公貂在配种季节的利用率达到 85%～90%,配种工作才能顺利完成。而配种初期种公貂交配率的高低,将直接影响配种进度。一般初配阶段种公貂交配率应达 80% 以上,而配种初期对种公貂进行配种训练,是提高种公貂交配率的重要措施。

种公貂(尤其是青年公貂)第一次交配比较困难,但一经交配成功,获得了交配经验,就能顺利地与其他母貂交配。训练种公貂,就是用还没有参加过配种的公貂去配发情好、性情温驯的母貂(通常是经产母貂),使其在母貂的积极配合下顺利达成第一次交配。发情不好或没有把握的母貂,不能用来训练种公貂。训练过程中要注意爱护公貂,防止粗暴地恐吓和扑打。一旦发现母貂拒配并且要撕咬公貂时,应及时分开。

(三)合理利用种公貂

种公貂个体间的配种能力差异很大,1 只公貂在一个配种期可交配 10～15 次,有的高达 20 余次。为了保证种公貂在整个配种期都有旺盛的性欲,应有计划地控制使用。在初配阶段,公貂每天只能交配 1 次,复配阶段每天可交配 2 次,但使用 2～3 天后应休息 1 天。对于交配能力强的公貂,配种初期交配的母貂数不要超过 7 只。对配种熟练、有特殊技能的公貂(如会躺倒侧配、母貂后腿不站立也能达到交配等),应重点使用,少配易配的母貂,专配后期难配的母貂。

(四)精液品质检查

在配种过程中,要经常对种公貂的精液品质进行检查,及时淘汰那些精液品质不良或无精子的种公貂,从而提高受胎率。具体检查方法是:用清洁滴管吸取少量生理盐水,在刚交配过的母貂阴道内(插入深度 2～3 厘米,轻轻吸取少量精液,涂在载玻片上。把涂有精液的载玻片放在显微镜下，放大 200～400 倍观察。首先检查有无精子，再根据视野内精子的数量、形状和运动状态判断精液质量。优质精液的精子数量较多，头椭圆，尾长而稍弯曲，活力强（直线运动）；品质差的精液精子的活力差（圆周式运动），或无活力（不活动），或是死精子，数量稀少，头圆大，尾短粗直，甚至畸形（双头双尾或头尾不对称）。经过检查，淘汰无精子或精液品质不良的公貂。已被其交配的母貂，要找其他公貂重配。

（五）配种期的管理

此期水貂白天时间大部分放对配种，故饲养制度要与放对配种协调兼顾，合理安排。一般在配种前半期可先早饲后放对，中午补饲，下午放对，下班前晚饲。在较温暖的地区，到配种后半期，可趁早晨凉爽时先放对，后饲喂，中午补饲，下午放对和晚饲时间向后推移。无论饲喂制度如何安排，都必须保证水貂有一定的采食与消化时间，早饲后 1 小时内不宜放对，中午应使水貂休息 2 小时以上。不宜带灯饲喂和放对，以免因增加光照时间而引起水貂发情紊乱，造成失配和空怀。要保证垫草充足，湿污后要勤换。及时检修笼舍，防止水貂逃跑或咬伤。

三、妊娠期的饲养管理

（一）妊娠期的饲养

水貂妊娠期营养消耗很大，不仅要维持自身的基础代谢，而且还要为胎儿生长发育、产后泌乳和春季换毛贮备营养。因此，日粮必须营养全价，品质新鲜，成分稳定，适口性强。绝不能喂腐烂变质、酸败发霉的饲料，否则水貂会拒食或食后引起腹泻、流产死胎或大量死亡等严重后果，绝不能喂给激素含量过高的动物性产品，如（难产死亡的驴肉，带甲状腺的气管，经雌激素处理过的畜禽肉及下杂等），以免影响水貂正常繁殖，导致大批流产。此外，必须保证母貂有充足、清洁的饮水，每日热能标准可定为 921～1 089 千焦,前半期要低些,后半期要高些。动物性饲料要达到 75%～80%,而且由多种优质饲料组成,谷物饲料可占 18%～20%,蔬菜可占 1%～2%。此外,还要按每日每只加喂鱼肝油 1 000 单位,酵母 5～7 克,维生素 E 5 毫克,维生素 C 20～30 毫克,骨粉 1 克,食盐 0.5 克,总饲料量前半期为 250 克左右,后半期达到 300 克左右,蛋白质含量达到 29～30 克。

(二)妊娠期的管理

1. 适当控制体况 妊娠期母貂体况过肥易造成胚胎被吸收、难产、产后缺奶、仔貂死亡率高等不良后果。故妊娠前半期(约 4 月 5 日以前),必须给予少而精的日粮,同时经常逗引母貂运动,将体况控制在中等偏下的水平,防止过肥。

2. 适当增加光照 妊娠期已转入长日照周期,此时适当延长光照时间或增加光照强度,对其繁殖都是有利的,能够促进胚泡及早着床(即坐胎)发育,缩短妊娠期,提高产仔率。因此,在妊娠期要将母貂安放在朝阳一侧的笼舍内,使母貂接受太阳光的直接照射,增强光照。有条件的貂场,可于配种后开始,每日从日落时起增加人工光照 2 小时左右。

3. 注意观察母貂 主要观察母貂的食欲、行为、体况和粪便的变化,发现异常及时处理。

4. 保持环境安静 妊娠期要排除各种干扰因素,以防妊娠母貂受到震惊刺激而发生流产。

5. 做好产前准备 在临产前 1 周要把母貂的窝箱打扫干净并消毒,然后絮进柔软、干燥的垫草。

四、产仔哺乳期的饲养管理

(一)产仔哺乳期的饲养

水貂产仔哺乳期的日粮营养水平,要保持在妊娠期的水平,动物性饲料的种类也不要有太大的变动,应增加牛、羊奶和蛋类等营养全价的蛋白质饲料,并适当增加脂肪的含量。此期母貂每日的日粮总量应达到 300 克以上,其蛋白质含量要达到 30～40 克,日粮中的鱼、肉、肝、蛋、奶等动物性饲料要达到 80％以上,谷物饲料可占 18％～20％,蔬菜可占 1％或不喂。此外,每只每日还应补喂鱼肝油 800～1 000 单位,酵母 5～8 克,骨粉 1 克,食盐 0.7 克,维生素 C 20～30 毫克。常规饲养一般日喂 2 次,最好 3 次。

(二)产仔哺乳期的管理

水貂产仔哺乳期要求有人昼夜值班,通过监听巡视及时发现母貂产仔,对落地、受冻、挨饿的仔貂和难产的母貂及时进行护理,要求值班人员每 2 小时巡查 1 次。在春寒地区,要注意小室中垫草是否充足,以确保室内的温度。在春暖地区,垫草不宜很多。

在水貂产仔哺乳期间,一定要保持环境安静,在场内和场附近不要有大的震动和奇特响声,以免母貂受惊后弃仔、咬仔甚至食仔。此外,还应搞好小室和食、水具的卫生,避免发生传染病。

五、幼貂育成期的饲养管理

(一)育成期的饲养

仔貂从 40～45 日龄断奶分窝到 9 月末为育成前期,此期幼貂新陈代谢极为旺盛,对各种营养物质要求极为迫切,而且仔貂所需的营养物质完全通过采食饲料而获得。因此,此期必须提供足够的营养物质来满足其生长发育的需要,其日粮中动物性饲料应占 75％左右(由鱼类、畜禽内脏和副产品、鱼粉以及颗粒饲料等组成),谷物性饲料可占 20％～25％,还应加喂维生素和微量元素添加剂以及饲用土霉素等。饲料总量应由 200 克逐渐增加到 350 克,蛋白质含量应达到 25 克以上,并及时供给充足的饮水。9 月末至取皮为育成后期,幼貂应分种、皮兽群,分群饲养。

(二)育成期的管理

1. 断奶分群 仔貂出生后 40～45 天应及时断奶分群,提前或延迟断奶对母貂或仔貂都无益。断奶前要做好一切准备工作，如笼舍的建造及检修、清扫、消毒等准备工作。断奶方法是1次将全窝仔貂断奶，同性别的2只或3只并于1个笼内，7～10天后分成单笼饲养，同时对仔貂进行初选。

2. 搞好卫生防疫 育成期时值酷暑盛夏，要严防水貂因采食腐败变质的饲料而出现各种疾病。要严格把好饲料关，建立合理的饲喂制度。此时，一般每日饲喂3次，每次所饲喂的饲料，要在1小时内吃完，如吃不完应及早撤出食具。每日都要洗刷食、水具，并定期对其进行消毒。幼貂断奶后15～20天，做好犬瘟热、病毒性肠炎等传染病的疫苗预防接种。这些是减少育成期发病死亡的有效措施。

六、冬毛生长期的饲养管理

(一)皮貂冬毛生长期的饲养

进入9月份，水貂由以骨骼和内脏生长为主转以肌肉生长、脂肪沉积为主，同时随着秋分以后的短日照周期变化，将陆续脱掉夏毛，长出冬毛。此时，水貂新陈代谢水平较高，蛋白质代谢呈正平衡状态。因此，必须为其提供足够的营养物质来满足其肌肉生长、脂肪沉积以及冬毛生长的需要。此期日粮总量为300～400克，蛋白质含量要达到35克左右，日粮中总能量应为1 089～1 340千焦，其中动物性饲料占70%左右，可多利用较廉价的鱼类、动物内脏、肉类副产品，鸡下杂、鱼粉和颗粒饲料等饲料，谷物比例不宜超过25%。此期的日粮也可以优质的颗粒饲料为主，以鱼、肉及其副产品为辅，另外添加适量的维生素和微量元素。

(二)皮貂冬毛生长期的管理

1. 严格控制光照 水貂生长冬毛是短日照反应。因此，在一般饲养条件下，绝不可增加任何形式的人工光照。为了避免阳光直射，一般都把皮貂养在比较暗的阴面棚舍内。

2. 做好毛皮护理工作 为了确保毛皮质量,从秋分水貂开始换毛以后,要在小室内添加少量垫草,以起到自然梳毛的作用,同时要搞好笼舍卫生,10 月份应检查换毛情况,遇有绒毛缠结的应及时进行梳理。

3. 褪黑激素在皮貂上的应用 水貂的夏毛一般在 7～10 月间脱落,其顺序是从尾部开始逐渐向头部发展。冬毛在 9～11 月份开始生长,直到 12 月份完成,一直维持到翌年 3 月份。在生产实践中可用褪黑激素对皮貂进行处理,从而可节约大量饲料,提高皮张的长度及毛皮质量。其方法是,成年貂于 6 月中下旬、幼貂于 7 月上旬在皮貂的颈部皮下埋植 5～10 毫克的褪黑激素。埋植后一般成年貂于 9 月底,幼貂于 10 月份即可取皮。在应用中,可能由于埋植剂量、方法及个体差异等原因,其水貂毛皮成熟时间不太一致。因此,必须在完全成熟后方可取皮,否则会影响毛皮质量。

第四节 水貂的繁殖

一、水貂的繁殖特点

(一)水貂是季节性繁殖的动物

水貂繁殖的季节性,表现在公、母貂的生殖系统和繁殖活动随着季节的变化而发生规律性的年周期变化,仅在 1 年的某个特定阶段繁殖。调节水貂季节性繁殖活动的生态因素,主要是光周期的季节变化。

(二)水貂是刺激性排卵的动物

水貂具有刺激性(或诱导性)排卵和多次排卵现象。其排卵需要通过交配或类似刺激才能发生。此外,一定时间(6 分钟以上)的交配还可促使射入子宫的精子向输卵管中运行。排卵发生在交配后的 48 小时(28～72 小时)左右。个别水貂也可自发排卵。

(三)水貂具有多周期发情和异期受胎的特点

在交配季节,大多数母貂通常可出现 2～4 个发情周期,少数母貂出现 2 个或 5～6 个发情周期。母貂在每个发情周期内进行交配都可受胎。也就是说,如果在第一个发情期内交配受胎后,在以后几个发情期内仍可发情、交配,并能受胎。

(四)水貂胚泡延迟附植现象

水貂在交配后 60 小时、排卵后 12 小时内完成受精过程。受精卵一面慢慢向子宫角移动,一面进行着自身的细胞分裂过程。首先,受精卵经过 5～6 次的均等分裂成为桑椹胚;然后,继续分裂成实囊胚;到交配后第八天,发育成胚泡。胚泡进入子宫角后,由于子宫黏膜还不完全具备附植的适宜条件,胚泡并不立即附植发育,而是进入一个相对静止的发育过程。这段时间称为滞育期(或潜伏期),通常持续 1～46 天。当体内孕酮水平开始增加 5～10 天后,胚泡才附植于子宫内,进入胎儿发育期。

二、水貂的繁殖技术

(一)配种时间

在正常的饲养管理条件下,水貂开始配种的时间主要受光周期变化的制约。当春季日照延长到 11 个小时以上,水貂就开始交配。在水貂能够正常繁殖的地理纬度内,低纬度地区 11 小时日照比高纬度地区来临得早一些。因此,配种的开始时间也比高纬度地区早一些。北纬 30°、35°、40°和 45°,其配种开始时间分别为 2 月 26 日、2 月 28 日、3 月 1 日和 3 月 5 日,整个配种期历时约 20 天,而其产仔旺期均在 4 月 25 日至 5 月 5 日。

早配种势必要延长受精卵的滞育期,增加胚胎被吸收和流产的机会。因而会减少产仔数,增加空怀。实践证明,在本场水貂发情旺期到来前的 7～10 天开始配种较为适宜。

（二）发情鉴定

发情鉴定主要是通过一定的方法判断水貂是否处于发情阶段，从而决定是否放对配种，这是水貂配种技术中的关键步骤。如判断不准确，不是耽误水貂及时配种，就是使发情不好的水貂强行配种而导致其拒配或空怀。

母貂发情时，通常有如下几种鉴定方法。

1. 观察行为变化 发情母貂食欲不振，活动频繁，不安，经常躺卧在笼底上蹭痒，排绿色尿液。一遇见公貂，则表现兴奋和温驯，并发出"咕咕"的叫声。

2. 观察外阴部变化 母貂休情期外阴部紧闭，挡尿毛呈束状覆盖外阴部。发情时，挡尿毛因肿胀充血而变化较大，可分为3个阶段：

（1）**发情初期** 挡尿毛逐渐分开，阴唇微肿胀、充血，涩，黏膜干而发亮。此期拒配或交配但不排卵。

（2）**发情持续期** 阴唇肿胀明显，外翻成四瓣，椭圆形，呈粉红黏膜湿润，有黏液，呈粉白色。此期易交配并能排卵。

（3）**发情后期** 外阴部逐渐萎缩、干枯、黏膜干涩，有皱褶、无黏液，挡尿毛逐渐收拢。但是，有很多母貂未等恢复原状又进入了第二个发情周期。

（三）放对方法

一般是把发情好的母貂放入公貂笼中，其方法是：用手把握母貂颈部，在公貂笼外逗引公貂，观察公貂的性欲。如公貂有求偶表现，再将母貂颈部递给公貂，待公貂叼住母貂后颈后再徐徐松手。遇有公貂求偶急切，行为暴躁时，亦可把公貂移入母貂笼内交配。放对后，如公、母貂在笼中拼命厮咬，母貂站立尖叫拒配，或公貂以头部或臀部撞击母貂，把母貂往角落处挤，应立即捉出母貂，以免被咬伤。有的母貂择偶性较强，如其发情较好但不接受个别公貂交配时，要适当给其另择公貂交配。

公貂的交配一般都带有强制性,先用嘴咬住母貂颈背部,待母貂驯顺后才开始插入动作。阴茎插入阴道后,其腰部拱成直角。母貂侧卧或移动时,公貂也随同移动,说明已达成交配。公貂射精时两眼迷离,臀部用力向前推进,母貂发出低吟声。配种结束后,公貂表现口渴,母貂外阴红肿、湿润。

交配时间短者为 2～5 分钟,长者达数小时,一般为 30～50 分钟。越到配种后期,交配时间越长。交配时间 10 分钟以上,并观察到公貂有射精动作者,视为有效。

在公貂交配过程中,要正确辨明真配和假配。若公貂后躯部不能长时间与笼网呈直角或锐角,走动时公貂后躯与母貂后臀部分开,从笼网下往上观察,可见公貂阴茎露在母貂体外,则为假配。此外,在放对过程中,如公貂紧抱母貂,母貂先是很温驯,但突然高声尖叫,拼命挣脱时,可能是公貂阴茎误入母貂肛门,应立即强迫公、母貂分开,否则易造成母貂直肠穿孔而引起死亡。这样的母貂,再放对时应更换公貂,或用胶布将母貂肛门暂时封上。

一旦达成交配,要及时做好记录。交配结束后,必须立即进行精液品质检查,然后将母貂放回原笼。

(四)配种方式

母水貂在一个发情季节里的第一次达成的交配叫做初配,第二次及以后达成的交配称为复配。

1. 同期复配 母貂在 1 次发情持续期内连续 2 日或隔 1 日交配(简记为 1+1 或 1+2),称为同期复配,也称连续复配。

2. 异期复配 在 2 个以上的发情周期里进行 2 次以上的交配,称为异期复配。即在前一个发情周期初配,间隔 7～9 天后再交配 1 次,用(1+7～9)表示。2 个周期 3 次交配用(1+7+1 或 1+8+1)表示。个别母貂(占 3%～5%)初配后不再接受复配,因而自然形成 1 次交配。

实践证明,采用 1+7+1 或 1+8+1 的配种方式繁殖效果较好。

(五)妊娠与产仔

1. 水貂的妊娠 母貂最后 1 次交配结束后,即进入妊娠期。妊娠期平均为 47 ± 2 天,变动范围为 $37\sim83$ 天。值得注意的是,妊娠期长短与产仔数量有很大关系。一般妊娠期短的比妊娠期长的产仔数量多。整个妊娠过程中的胚胎发育可分为卵裂期、胚泡滞育期和胚胎期 3 个阶段。

(1)卵裂期 即交配结束,经排卵、受精成为合子以后,受精卵一方面慢慢向子宫角移动,一方面进行着自身的细胞分裂过程。首先受精卵经过 $5\sim6$ 次的均等分裂形成桑椹胚,然后继续分裂成囊胚,囊胚继续分化成为胚泡。经过 $3\sim6$ 天胚泡移到子宫角。

(2)滞育期 即胚泡到达子宫角附植前的阶段。胚泡进入子宫角后,由于子宫黏膜还不完全具备适宜条件,胚泡并不立即附植正常发育,而是处于发育异常缓慢,相对静止的游离状态。这段时间在个体间差异很大,可达 $1\sim46$ 天。水貂妊娠期所以差异很大,主要是由于长短不定的滞育期影响。滞育期的长短,主要受母貂血浆中的孕酮含量的直接影响,孕酮分泌量低是滞育期的主要因素。而孕酮的增加则需依赖光照时间延长的影响。所以,最后 1 次交配日期较晚的母貂,比早结束交配的母貂滞育期短,妊娠期也短。胚泡在滞育期死亡率很高,滞育期越长死亡率越高。

(3)胚胎期 即胚泡附植并迅速发育到胎儿出生阶段。通常是 $25\sim30$ 天或 30 ± 1 天。大多数母貂在交配结束 $10\sim20$ 天,卵巢黄体分泌的孕酮增加,子宫内壁黏膜增厚,形成许多皱褶。同时,子宫腺分泌出子宫乳,并使子宫内壁具有黏性便于胚泡附植。

在多次交配的情况下,如果后次交配的受精卵得到发育,那么前次交配所形成的胚泡有部分要死亡,被母体吸收或排出体外。其原因,一方面是子宫内膜还不具备使前次胚泡着床的条件,另一方面则是后次交配刺激所引起的生殖道肌肉频繁收缩造成的。用不同类型的公貂双重交配试验证实,所产后代大部分来自后次交配的受精卵。

2. 水貂的产仔 水貂的产仔日期,虽然因个体的不同而有所差异,但不同地区的水貂产仔日期一般都是在 4 月下旬至 5 月下旬。特别是 5 月 1 日前后 5 天,是产仔旺期,占总产仔胎数的 70%～80%。窝平均产仔数为 6.5 只(1～18 只)。

母貂临产前 1 周左右开始拔掉乳房周围的毛,露出乳头。临产前 2～3 天,粪便由长条状变为短条状。临产时活动减少,不时发出“咕咕”的叫声,行动不安,有腹痛症状,有营巢现象。产前1～2 顿拒食。通常在夜间或清晨产仔。正常情况下,先产出仔貂的头部,产后母貂即咬断仔貂的脐带,吃掉胎盘,舔干仔貂身上的羊水。产仔过程一般是 2～4 小时,快者 1～2 小时,慢者 6～8 小时。超过 8 小时的应视为难产(较少见)。产后 2～4 小时,排出油黑色的胎盘粪便。

(六)接产技术

1. 做好产仔前的准备工作 ①加强母貂妊娠期的饲养管理,严格把住饲料营养和质量关。②保持貂场环境的安静,以防给母貂造成各种应激反应。③做好产仔箱和貂笼的清理、消毒工作。小室可用消毒液(如 2%火碱水)冲刷,也可用喷灯火焰消毒。④准备好垫草,做好保温工作。要在 4 月中旬准备好垫草。保温用的垫草,要清洁、干燥、柔软、不易碎,以山草、软杂草、乌拉草等为好,稻草捣软后也可应用。严禁用其他畜禽已用过或污染过的垫草,也不要用破旧棉絮。垫草的多少要根据当地气温条件灵活掌握。垫草应在产仔前一次絮足,产后再补加会惊扰母貂。

2. 加强产仔间和产仔后的护理

(1)观察母貂产仔情况 母貂临产前突然拒食 1～2 次,是分娩的重要先兆。如果拒食多次,腹部很大,又经常出入小室,行动不安,在笼网上摩擦外阴部或舔外阴部,出现排便动作,且外阴部有血样物流出,“咕咕”直叫,又不见仔貂叫声,这些现象可能是母貂难产。发现母貂难产时，应注意观察，采取相应助产措施。如果母貂娩力不足时，可注射缩宫素（0.3～0.4 毫升）进行观察，待 2～3 小时后仍产不出仔貂时，要进行剖宫手术。

（2）及时检查仔貂情况　检查仔貂应听看结合。水貂产仔后，其仔貂的叫声可反映出仔貂的健康状况。当仔貂的叫声尖而短促、强而有力时，说明仔貂一般是健康的。当仔貂叫声冗长、无力或沙哑，是弱仔的反映。仔貂长时间叫声不停，由尖短有力变为冗长无力、沙哑，是因仔貂没有吃上奶，窝冷或爬出窝外远离母貂受冻所致。这时应立即开箱检查，并采取果断而适宜的护理措施。如果仔貂叫声正常，可待母貂排出胎衣和粪便（油黑发亮）后检查。检查者手上千万不要染上异味，检查前先想办法把母貂逗引到小室外，并将小室门插上。若母貂不出产箱，暂不要强行检查。在开箱后触摸仔貂前，先用垫草擦擦手。检查的重点是看仔貂是否健康，是否吃上奶，窝形和垫草量，仔貂体温是否正常，有无红爪病，母貂产仔数及母性情况等。根据发现的问题，及时采取相应的措施。仔貂的健康状况，经过 1 次检查后，不必天天检查。

3. 挽救仔貂　有时母貂把仔貂产在笼网上，有的仔貂自行乱爬，会从笼网中掉落地面，这些仔貂都很容易被冻僵。如冻僵时间不长，应及时抢救，一般都可救活。抢救时，先擦去仔貂身上的泥沙和胎膜，然后用保温袋进行保温，待仔貂恢复生活能力后，再送回原窝或代养。

在检查仔貂时，发现无力吃奶的，可人工温暖后，用小吸管喂给 5% 葡萄糖、牛奶、羊奶 1～2 滴（温度在 40℃ 左右）。人工哺乳后，待叫声有力时送回窝。在给仔貂人工哺乳时，不可急躁，喂量不要过大，以防呛入肺内。

4. 搞好仔貂代养　当同窝仔貂较多，母貂已哺育不过来，或母貂奶量不足、无奶，或产后患乳房炎、自咬病等疾病，或母貂弃仔、死亡时，要对这些母貂的部分或全部仔貂采取代养措施。其代养原则是:代养的必须是健康仔貂,尽量使两窝仔貂日龄和大小接近。代养时,饲养人员手上不应有强烈异味,以防母貂咬仔或弃仔。

代养的方法一般有 2 种:一是同味法。即把要代养的仔貂用代养母貂的仔貂肛门或垫草轻轻摩擦全身,使它们身上的气味相似(先将母貂诱出小室),然后一次放在窝内,打开小室门,让母貂自行护理。二是自行叼入法。其具体方法是:用插板封死小室门,在门口放一块木板,然后将仔貂放在代养母貂洞口的木板上,打开小室门,母貂听到仔貂的叫声后会自行将仔貂叼入。这 2 种方法中,以第一种方法成功率较高。

三、提高水貂繁殖力的主要技术措施

(一)合理饲养

为了使水貂在整个配种期具有旺盛的性欲和良好的配种能力,从配种准备期就加强对种貂的饲养。根据实践经验,配种准备期随时调整种貂的体况,使种公貂保持健壮的体质和旺盛的精力进入配种期。配种期主要是保证种貂有旺盛的食欲,做到饲料新鲜、优质、适口性强、易消化,使其具有持久的配种能力和良好的精液品质。妊娠期主要是保胎,争取全怀、全产、全活、全壮。因此,在水貂日粮搭配上做到以动物性饲料为主占 70%～75%,植物性饲料占 18%～20%,蔬菜占 3%～5%,植物油 1%,矿物质添加剂0.1%,食盐 0.5%。此外,日粮中每只水貂每日添加鱼肝油 800单位,维生素 E 3 毫克,维生素 C 20 毫克。每只水貂日粮总量为:准备配种期250～300 克;配种期不少于 200 克;妊娠期 300～350克。

(二)掌握配种适时期

水貂进入配种期后,要不失时机进行配种。水貂的发情旺期大多集中在 3 月中旬,此期母貂卵巢内成熟卵泡数量相对较多,配种后一般能获得较高的受胎率。交配后的母貂出现 5～6 日的排卵不应期,此期即使交配也不会排卵,根据水貂这一生理特性,在水貂配种过程中,当发现母貂外阴部阴毛明显分开,阴唇肿胀突出,外翻并分成几瓣,有乳白色或红色黏液分泌时为初配阶段,可进行第一次交配。在 2 天内或间隔 6 天以后再进行复配,能提高受胎率。此外,根据实践经验,在配种初期,先配经产母貂(发情早),后配小母貂(发情晚);先配发情好的母貂,后配发情异常的母貂。

(三)采用最佳配种方式

水貂是季节性多次发情,刺激性排卵动物,在交配排卵后可再次发情接受交配并排卵,所以多次配种可提高受胎率和产仔数。但是,也不能片面、过分地追求配种次数使公貂精液品质受到影响,从而降低配种效果。水貂配种方式分同期复配和异期复配 2 种。实践证明,异期复配比同期复配能获得较高的受胎率和产仔数。在生产中,一般多采用异期复配方式,但根据实际情况也要灵活运用。例如,在配种开始后 1 周内进行有效交配的母貂主要采用 1+7 或 1+7+1 的异期复配方式;而在 3 月 15 日以后才进行初配的母貂,则多采用 1+1 或 1+2 的同期复配方式;对有些母貂交配 1 次后不再接受交配的就顺其自然,采取一次配种方式。

(四)补充光照

水貂的妊娠有滞育期(胚泡不着床)这一特殊阶段,滞育期长短不一,长的可达 40 多天,从而使妊娠期个体间差异很大,最短37 天,最长 85 天。实践证明,妊娠期越长,胚泡死亡率相对越高,产仔数相对越少。为了解决这一技术难题,根据增加光照可诱导孕酮提前分泌,缩短胚泡滞育期的原理,在配种基本结束后就开始人工增加光照至 12 小时,即每 100 瓦灯泡照 10 个貂箱,以后经30 天逐渐增加到 15 小时,保持到产仔结束,收到明显增加产仔数的效果。

(五)加强选种

水貂繁殖力受遗传因素影响较大,因此要加强选种。建立种貂系谱档案,通过系谱选育选择发情正常、产仔率高、成活率高的幼貂作种。在选配方面,严禁 3 代以内有血缘关系的种貂交配,以防近亲繁殖。淘汰繁殖 3 年以上的种貂。

(六)疾病防治

阿留申病主要影响水貂的繁殖,目前对阿留申病还没有特异的治疗方法。因此,为控制和消灭本病,必须采取综合性的措施:一是加强饲养管理,提高机体的抗病能力,给予优质、全价、新鲜的饲料;二是建立健全貂场的卫生防疫制度;三是建立定期的检疫制度。每年在仔貂分窝以后,利用对流免疫电泳法逐只采血检疫,阳性貂集中管理,到取皮时杀掉,不留作种用。对阴性貂接种阿留申弱毒疫苗,按免疫程序要求,1 年接种 2 次,每只貂不分大小,一律接种 1 毫升。

第五节 水貂的选育

一、选种标准

(一)体型外貌

1. 头部 头型轮廓明显,面部短宽,嘴钝圆,鼻镜湿润、有纵沟,眼圆明亮,耳小。公貂头型较粗犷而方正;母貂头小,较纤秀,略呈三角形。

2. 躯干 颈短而粗圆,肩、胸部略宽,背、腰略呈弧形,后躯丰满、匀称,腹部略垂。

3. 四肢 较短而粗壮,前、后足均具 5 趾,后足趾间有微蹼,爪尖利而弯曲,无伸缩弹性。

4. 体重 公貂 2.1～2.6 千克,母貂 0.9～1.1 千克。

5. 体长 公貂 42～48 厘米,母貂 36～42 厘米。

6. 体质 健壮。

(二)毛绒品质

1. 毛色 深黑,背、腹色一致,底绒深灰色,下颌无白斑,全身无杂毛。

2. 毛质 针毛平齐,光亮灵活,绒毛丰厚、柔软致密,无伤残缺陷。

3. 毛长度 背正中线 1/2 处针毛长,公貂 20～22 毫米,母貂 19～21 毫米;绒毛长,公貂 13～14 毫米,母貂 12～13 毫米。针、绒毛长度比 1：0.65 以上。

4. 毛细度 背正中线 1/2 处针毛最粗部位为 53～56 微米,绒毛为 12～14 微米。

5. 毛密度 背正中线 1/2 处冬毛密度为 12 000 根/平方厘米以上。

(三)繁殖性能

幼龄水貂 9～10 月龄成熟,年繁殖 1 胎,种用年限 3～4 年。公水貂参加配种 15 次以上,母水貂胎产仔 6 只以上,年末群成活 4.2～4.5 只。仔貂成活率(6 月末)85％以上,幼龄水貂成活率(11 月末)95％以上。

(四)生长发育

仔水貂、幼龄水貂生长发育迅速,尤其是断奶至 4 月龄生长发育速度更快,6 月龄接近体成熟。公水貂 6 月龄体重 2 100±41.5 克;母水貂 6 月龄体重 1 180±35.3 克。

二、选种技术

(一)选种方法

1. 个体表型选择 根据个体本身的表型成绩进行选择称为个体选择。从大群中选出一定数量的优秀个体,组成种貂群来提高群体的性能,使下一代的毛绒品质、体型和繁殖性能有所提高。个体选择只是考虑个体本身选育性状表型值的高低,而不考虑该个体与其他个体的亲缘关系。这是在缺乏生产记录及其他资料时进行选择的方法,也是生产中应用最广泛、选择方法最简单的一种方法。

遗传力高的性状可以直接按表型值进行选择,标准差越大的群体选择效果越好。

2. 系谱选择 系谱选择是根据种貂祖先的成绩来判断其遗传品质的优劣。因为它是祖先的记录资料,所以当育成幼貂的部分性状还不能反映出来时就可做出结论,此种选择方法是幼貂选种时采用的主要选种方法。

生产实践中一般是根据本身成绩结合祖先的成绩确定是否留作种用。系谱资料是选种的重要信息来源,而公、母貂的选配对子代更有决定作用。

(二)选种时间

1. 初选(窝选) 年中的首次选种,一般在母貂断奶、仔貂分窝时(6月下旬至7月上旬)进行。

第一,初选主要以当年繁殖成绩选择种母貂,以仔貂生长情况及其祖先品质来选择幼貂。

第二,初选时留种数应比年终计划留种数富余30%左右,以备复选和终选时有淘汰余地。

2. 复选 年中第二次选种,必须在秋分季节(9月下旬至10月上旬)内抓紧进行;主要以初选种母貂秋季换毛情况来进行选种,淘汰换毛时间推迟和换毛速度缓慢的个体。要求种母貂、幼龄水貂的夏毛完全脱净,只允许母貂耳郭边缘有少许夏毛未脱落;留种量应较终选计划留种数富余10%左右,如预留种母貂中淘汰个体较多,可从商品群中挑选优良者补充;复选时对种母貂的要求要比幼龄水貂更严格。

3. 终选 年中第三次即最后 1 次选种,故称终选。一般在毛皮成熟后(11 月下旬)取皮前进行;终选以种母貂的毛皮品质和健康状况为主要条件;终选应结合初选、复选情况综合进行,严格把握终选标准,宁缺毋滥。

(三)水貂选种注意事项

1. 综合选种 选种是常年应注重的工作,3 次选种应分阶段重点进行,终选要综合初、复选进行。

2. 种群合理年龄构成 种群适宜年龄构成是确保高繁殖力和高遗传力的基础,目的是为了在后代中巩固提高双亲的优良品质,获得新的有益性状。选配得当与否对繁殖力和后代品质有重要影响,是育种工作必不可少的重要环节。适量增加老种貂的比例,成年种貂和幼年种貂比例以 7∶3 至 6∶4 为宜。成年貂超过 3 周岁的繁殖力一般都要下降,故 4 周岁以上老种貂应严格控制。

3. 严格掌握选种标准 选择种貂必须严格把握选种标准,尤其老种貂要严于小种貂,不符合留种标准的个体,一律严格淘汰,不能滥竽充数。

三、选配技术

(一)同质选配

选择具有相同优良性状的个体交配,以期在后代中巩固和提高双亲所具有的优良特征。同质选配中要注重遗传力强的性状,且公貂要优于母貂。常用于纯种繁育及核心群的选育提高。

(二)异质选配

选择具有不同优良性状的个体交配,以其后代中用一方亲本优点去改良另一方亲本的缺点,或者结合双亲的优良性状,创造新的优良类型。常用于杂交选育中。

(三)亲缘选配

1. 远亲交配 即 3 代内无亲缘关系的个体选配,也称远缘选配。是一般繁殖过程中所要求尽量做到的选配。

2. 近亲交配　指3代内有亲缘关系的个体选配,是在育种过程中有目的地进行,一般生产群中应尽量杜绝近亲交配。

(四)年龄选配

不同年龄的个体选配对后代的遗传性有影响,一般壮龄个体间选配、壮幼龄个体间选配更优于幼龄个体间的选配。

(五)体格选配

公貂体格必须大于母貂体格,且宜大配大、大配中、中配大、中配小,不宜小配小。

四、种水貂繁育

种水貂繁育、选育是重要的育种过程,是不断提高种群品质和产品质量的长远大计。

(一)纯种繁育

纯种繁育是在种貂主要遗传性状的基因型相同、表现型大部分相同的种貂群中,进行同类型自繁,并逐年选优去劣,选育提高的过程。纯种选育应注意以下4点。

1. 尽量采用同质选配　通过同质选配巩固提高有益遗传性状的遗传力。

2. 尽量采用远血缘选配　尽量减少近亲交配,以防近亲交配所带来的退化和危害。

3. 严格选种　对自繁后代要严格选种,选优去劣,一般淘汰率不应低于40%。

4. 采用品系、品族繁育　品系是指以1只优秀的公貂个体为系祖,采取远亲或近亲繁殖所获得的一群优秀后代;品族是以1只优秀母貂为族祖所扩繁的一群优秀后代。品系、品族形成后,不同品系、品族间再进行自群繁殖,这样不仅可避免近亲交配,还可以起到选育提高的良好作用。

（二）育种核心群繁育

以育种为目的,把种群中最优良的个体集中在一起所组成的优良种貂群被称为育种核心群。加强育种核心群的繁育,可始终保持其优良地位,是更适于中、小型养貂户育种的良好而简便的方式。

1. 育种核心群的构成　由全场中遗传性状最优秀的个体组成。选育过程中严格选优去劣,生产群中发现个别优良个体也可随时向核心群中补充。

2. 核心群自群繁殖　已属同质选配和纯种繁殖,但应注意尽量远血缘交配。

3. 核心群被淘汰的种貂　其品质仍高于生产群时,可移入生产群作种貂用。

4. 注重核心群选育提高　核心群要不断选育提高,要及时发现某些性状的缺陷和不足,注意核心群中新出现的有益性状并进行选育提高。

第六节　貂场建设

一、水貂场址选择条件

水貂饲养场场址选择,应综合考虑水貂的生物学特性、地理条件、饲料条件、社会条件、环境条件等综合因素。

（一）地理条件

1. 地理纬度　北纬35°以南地区不宜饲养,否则会引起毛皮品质退化和不能正常繁殖的不良后果。

2. 海拔高度　中、低海拔高度适宜饲养水貂;高海拔地区（3 000 米以上）不适宜,高山缺氧有损水貂健康,紫外线光照度高亦降低毛皮品质。

（二）饲料条件

1. 饲料资源条件 具备饲料种类、数量、质量和无季节性短缺的资源条件。

2. 饲料冷冻贮藏、保管条件和运输条件 主要指鲜动物性饲料的冷冻、运输。

3. 饲料的价格条件 具备饲料价格低廉的饲养成本条件。饲料的其他条件再好，但价格贵了，饲养成本高，养殖无效益的地区不能选建水貂饲养场。

（三）自然环境条件

1. 地势 要求地势较高燥或较平缓、排水通畅、背风向阳。地势低洼、潮湿、泥泞的地方不能选建场。

2. 面积 场地的面积既要满足饲养规模的设计需要，也应考虑到有长远发展的余地。

3. 坡向 坡地要求不要太陡，坡地与地平面之夹角不超过45°。坡向要求向阳南坡，如在北坡的话，则要求南面的山体不能阻挡北坡的光照。如在海岛地形上建场，则按阶梯式设计。

4. 土壤 尽量不占用农田土壤，但要求土壤渗水较好无沙尘飞扬。雨天地面不泥泞。

5. 水源 水源充足、洁净，达到饮用水标准，用水量按每日每100 只水貂 1 立方米计算。

6. 气象和自然灾害 易发洪涝、飓风、冰雹、大雾等恶劣天气的地区不宜选建场。

（四）社会条件

1. 能源、交通运输条件 交通便利，煤、电供应方便，距主要交通干线不近也不可过远。

2. 卫生防疫条件 环境清洁卫生，未发生过疫病和其他农业污染。距居民区和其他畜禽饲养场距离至少 500 米以上、远离水源 1 000 米以上。

3. 低噪声条件　养貂场应常年无噪声干扰,尤其 4～6 月份更不应有突发性噪声刺激。

二、貂场建筑设备

(一)棚舍和笼箱

1. 棚舍　棚舍建筑要求通风透光、避雨雪,在棚舍设计、建造和改造的过程中,应考虑光照条件、空气质量、方向位置、水源条件等各种环境因素,创造适合水貂生理特点的生活环境。棚舍建设应该根据场地实际情况,在确保采光和通风的条件下,自行确定走向和长度。棚舍走向一般以东西走向为宜,既利于种、皮水貂分群饲养,又对夏季防暑有利。

棚脊高 2.6～2.8 米,棚檐高 1.4～1.6 米,棚宽 3.5～4 米,棚间距 3.5～4 米,种水貂活动面积不低于 2 700 平方厘米/只;皮水貂活动面积不低于 1 800 平方厘米/只。

2. 笼箱　种水貂笼长 90 厘米、宽 30 厘米、高 45 厘米;皮水貂笼长 60 厘米、宽 30 厘米、高 45 厘米。种水貂小室和皮水貂小室均为长 25 厘米、宽 32 厘米、高 45 厘米。

(二)饲料间

饲料间大小视养殖规模而定,应具备饲料洗涤、粉碎、搅拌等加工设施,要防水、防潮、防鼠、防火。

(三)兽医室

兽医室应能满足水貂疾病预防、检疫、检验及治疗的需要,规模应与饲养种群相配套。

(四)取皮加工室

取皮加工室应满足水貂处死、剥皮、刮油、洗皮、上楦、干燥等操作的需要,规模应与饲养种群相适应。

复习思考题

1. 水貂的生物学特性与饲养有什么关系？
2. 水貂何时发情？如何进行发情鉴定？
3. 水貂的配种方式有哪几种？哪种方式好？为什么？
4. 氧化酸败脂肪对水貂有什么危害？

第二章　狐

第一节　生物学特性与品种

一、分　类

人们常说的狐狸是所有狐的总称。狐属于食肉目、犬科,分为狐属和北极狐属。

二、形　态

狐的体格在犬科动物中属中等偏小,嘴尖、耳较长,体躯较长,四肢短而强健,眼灵活有神,瞳孔呈直立缝隙状;被毛光滑,太阳下可见闪光,尾长而圆粗,尾长是体长的一半,但并不下垂,尾巴上有一下腺,可释放出特殊难闻的狐臭味。

三、习　性

狐的生活环境多种多样,栖息于山地、丘陵、森林、草原、高山、沙漠、平原等地,常以石缝、树洞、土穴、灌木丛等为巢穴。行动敏捷,善于奔跑。视觉敏锐,嗅觉、听觉发达,记忆力强。狐能沿峭壁爬行,会游泳、爬树。性机敏、狡猾、多疑,昼伏夜出。野生狐偶有群居,种间生存斗争激烈,弱肉强食。狐的抗寒能力强,不耐炎热,喜在干燥清洁、空气新鲜的环境生活。

狐的食性较杂,以动物性食物为主。常以小型哺乳动物、鸟类、卵、爬行动物、两栖类、鱼类、植物的浆果为食。在食物困难的情况下也食昆虫类食物。猎食种类与季节、环境有很大关系。

狐常用埋伏、偷袭的办法猎食,有时以戏耍的形式接近猎物然后突然进攻捕获猎物。当一次捕食较多吃不完时,可把多余的食物用松土、树枝或雪埋起来伪装后用尿做标记,饥饿无食时食用。寒冷冬季仍可外出觅食。狐的抗饥饿能力很强,几天不吃食物仍能维持生命活动。狐生性狡猾多疑,在人工饲养条件下,常易引起惊恐。

狐的寿命随品种不同而异,赤狐为 8～12 年,繁殖年限 4～6 年;银黑狐寿命 10～12 年,繁殖年限 5～6 年;北极狐寿命 8～10 年,繁殖年限 4～5 年。一般生产繁殖年龄为 3～4 岁。狐的天敌在自然界中有狼、猞猁、猎狗,还有猛禽如鹰、鸳等。

四、品　种

(一)赤　狐

赤狐体躯较长,四肢短,吻尖,尾长而蓬松,毛色变异大,常见者为火红色或棕红色。四肢及耳背呈黑褐色,腹部黄白色,尾尖白色。平均体重为 5 千克,体长 60～90 厘米,尾长 40～50 厘米。

(二)银　黑　狐

银黑狐体躯比赤狐大,基本毛色是黑白相间的银黑色,尾端呈纯白色,绒毛为灰色。体表的针毛分黑、白、黑 3 段。嘴尖,耳长,脸上有白色银毛构成的银环。冬季公狐平均体重为 5.5～7.5 千克,母狐体重为 5～6.6 千克。

(三)北极狐(蓝狐)

北极狐野生状态下有 2 种毛色,一种为浅蓝色型,另一种是冬季为白色,其他季节毛色变深。体型比银黑狐小,嘴短、耳小,体较肥胖。公狐平均体重 5.5～6.7 千克,体长 58～70 厘米,尾长 25～30 厘米;母狐体重 4.5～6 千克,体长 60 厘米左右。芬兰培育的北极狐成年体重达 10 千克。

(四)彩 狐

狐属和北极狐属尚有毛色突变的各种彩狐计数十种之多,除毛色有异于赤狐、银黑狐、北极狐外,体型与其亲本狐相似。银黑狐和北极狐属间杂交种称蓝霜狐,系银黑狐的毛色,北极狐的毛质和体型。

第二节 狐饲料与营养

一、饲料的种类及其利用

(一)饲料的种类

狐的饲料按其性质可分为动物性饲料、植物性饲料、添加剂饲料。

1. 动物性饲料 动物性饲料由鱼类饲料,肉类饲料,鱼、肉副产品饲料,干动物性饲料,奶、蛋类饲料组成。

(1)肉类及其下脚料 所有的动物肉,只要新鲜、无毒均可作为狐的饲料。对病畜肉和来源不明以及可疑的肉类,必须经过兽医检验后方可利用。不新鲜的肉经高温无害处理后方可利用。新鲜、健康动物肉应生喂,其消化率高,适口性强。

利用痘猪肉时,要进行高温、高压处理,并适当搭配鱼粉、兔头、兔骨架等含脂肪低的饲料。痘猪肉的蛋白质含有全部的必需氨基酸,脂肪含有不饱和脂肪酸比牛羊肉高,因此容易氧化变质,在日粮中应增加维生素 E 和酵母用量。

在繁殖期,严禁利用经雌激素处理过的畜禽肉。

(2)动物副产品

①肝脏 在日粮中加 5%～10%的鲜肝时可以不另加鱼肝油,但每只日喂量不要超过 50 克,因为它有轻泻作用。

②肠管 各种动物的肠管都可作为狐的饲料,但肠系膜(羊、

猪等动物)含脂肪较多,喂前应尽量摘除,否则影响适口性,引起消化异常。肠管蛋白质的某些必需氨基酸含量低,因此应与其他动物性饲料搭配饲喂。生产实践证明:幼狐日粮中,牛肠、猪肠占动物性饲料30%左右时,生产效果较好。如果比例过高(占动物性饲料70%),能使幼狐体长增长缓慢,呈现短、粗、胖的体型。妊娠母狐大量利用(占70%)肠、肺、脾时,初生仔狐很弱,死胎明显增多,绝大多数仔狐无吮乳能力。

③乳房和睾丸 乳房和睾丸在狐的非繁殖期可以利用。乳房含结缔组织较多,蛋白质生物学价值低,脂肪含量高,据分析牛的乳房蛋白质含量仅为12%,而脂肪占13%。因此,繁殖期(特别是妊娠和哺乳期)喂量过大可使食欲减退,营养不良,仔狐成活率低。各种动物的睾丸数量不多,含有大量的雄激素,在繁殖期不能饲喂种狐。

④子宫、胎盘及胎儿 也可作为狐的饲料,但应该在幼狐生长发育期大量利用。准备配种和配种期一般不要利用这些副产品,以防因含某些激素而造成生殖系统紊乱。

⑤鸡架、鸭架 新鲜的鸡架和鸭架可以生喂,可占日粮20%～30%。冷冻的必须熟喂,在日粮中不要超过15%。饲喂含脂肪多的冷冻鸡架和鸭架易引起腹泻。

⑥兔头、兔骨架和兔耳 繁殖期在动物性饲料中占15%～25%,育成期40%,但每日每只不要超过100克。

⑦血和脑 冬毛生长期喂血液,可提高毛皮质量。但必须熟喂,否则易感染附红细胞体病、巴氏杆菌病、弓形虫病。每日每只可喂30～50克。脑对生殖器官的发育有促进作用,12月份至翌年1月份每日每只可喂5～15克。

⑧食管 是全价饲料,可占日粮动物蛋白的30%～50%;肺、气管适口性较差,可占日粮动物性饲料的10%～15%;肺应熟喂,在妊娠期利用家畜气管时应摘除气管两侧的甲状腺。

⑨鸡、鸭下杂　全部熟喂,可占动物性饲料的 60%～70%。在繁殖期适当搭配猪肝、冻鱼、鱼粉、牛奶、羊奶等。

(3)鱼类饲料　鱼的种类很多,在海杂鱼和淡水鱼中,除了毒鱼外,都可以作狐的饲料。由于鱼的种类和产区、捕获季节不同,其营养价值和含热能也有所差异。每 100 克海杂鱼中平均含10～15 克可消化蛋白质,1.5～2.3 克脂肪和 334～356 千焦代谢能。新鲜鱼含有较多的脂溶性维生素,尤以肝脏和脂肪中更多。

有些鱼类的肌肉和内脏含有硫胺素酶,它在饲料中具有破坏硫胺素的作用。含有硫胺素酶的鱼类有:鲤鱼、鲶鱼等。尤以鲤科的鱼类为多。这些鱼类在生喂情况下,常引起 B 族维生素缺乏症。据文献介绍,450 克生鲤鱼可破坏 25 万单位的硫胺素,相当于 10 千克干酵母中 B 族维生素的含量。因此,利用淡水鱼养狐时应蒸煮处理为好。生喂淡水鱼时,初期无异常反应,但经过 15 天后,出现食欲减退,引起消化功能紊乱,多数死于胃肠炎或胃溃疡等疾病。

新鲜的海杂鱼,可以全部生喂,蛋白质的消化率高达 90%,适口性强。有些鱼的体表,带有较多的蛋白黏液,这些鱼先用 2.5% 食盐搅拌,然后用清水洗净,或用热水浸烫,除掉黏液之后饲喂,能明显提高适口性。

鱼类含有大量的不饱和脂肪酸,在运输、贮存和加工过程中随时与空气中的氧气发生作用,使得脂肪发生酸败,酸败的脂肪能破坏日粮中的各种维生素。冷冻贮存的海杂鱼要先化冻,充分洗去泥土和杂质,再绞碎生喂。江河杂鱼宜全部熟喂。

(4)动物性干饲料　常用的干饲料有鱼粉、干鱼、肝渣粉、血粉、蚕蛹粉、羽毛粉等。

①鱼粉　鱼粉蛋白质含量最高的达 65% 以上,最低 55%,一般 60% 左右,含盐量为 2.5%～4%。在狐的日粮中可占动物性饲料的 20%～25%。

②干鱼 国内各地已普遍用干鱼饲养狐狸,生产实践证明干鱼的质量是饲养成败的关键。干鱼晒制前后一定要保持新鲜,严防腐败、发霉、变质。在狐的日粮中可占动物性饲料的 50%~70%。

在晒制干鱼过程中,某些必需氨基酸、脂肪酸和维生素遭到不同程度的破坏。因此,日粮中必须搭配全价的鲜动物性饲料,如肉类、肝脏、奶等,其含量不低于动物性饲料的 25%~30%。干鱼中维生素含量特别低,要增加酵母、维生素 B_1、鱼肝油和维生素 E 的供给。

③肝渣粉 生物药厂利用牛、羊、猪的肝脏提取 B 族维生素和肝浸膏的副产品,经过干燥粉碎后就是肝渣粉。其营养物质含量为:水分占 7.3%左右,粗蛋白质 65%~67%,粗脂肪 14%~15%,无氮浸出物 8.8%,灰分 3.1%。一般繁殖期可占动物性饲料的 8%~10%,育成期和毛绒生长期占 20%~25%。

④血粉 大型的肉类联合加工厂,每年生产大量的血粉,如果质量新鲜,可作为狐的蛋白质饲料(腐败变质的血粉不能利用)。经过煮沸的血粉,在狐的育成期,可占日粮动物性饲料的 20%~25%,与海杂鱼、肉类副产品或兔头、兔骨架搭配,狐的生长发育及毛皮质量都较好,当饲喂量提高到 30%~40%时,有消化不良(腹泻)的现象。

⑤蚕蛹粉 蚕蛹和蚕蛹粉是肉、鱼饲料的良好代用品,已在狐饲养中得到了广泛的应用。全脂的蚕蛹或蚕蛹粉含有丰富的蛋白质和脂肪,营养价值较高。据分析,蚕蛹粉的蛋白质含量为 60.5%,脂肪 21.4%,灰分 2.8%,水分 6.3%。另外,蚕蛹有 4%~6%的甲壳质,是由角化蛋白质构成,狐不易消化吸收。这样,1 000 克蚕蛹含可消化蛋白质 43 克左右。蚕蛹蛋白质含有全部的必需氨基酸,但异亮氨酸、苯丙氨酸等含量较低,因而某种程度地影响了蚕蛹蛋白质的生物学价值。在饲养实践中,100 克蚕

蛹可代替 200～220 克肉类的蛋白质。在狐的育成期和毛绒生长期，蚕蛹蛋白不能高于日粮中蛋白质的 30%，在繁殖期蚕蛹蛋白可占 5%～15%。

⑥羽毛粉 禽类的羽毛，经过高温、高压和焦化处理后粉碎即成羽毛粉。一般羽毛粉含粗蛋白质 8% 左右，粗脂肪 1%～2%，灰分 7.3%，水分 10.16%。羽毛粉蛋白质中含有丰富的胱氨酸（占 8.7%）仅次于羊毛中的含量（13.6%），同时含有大量的谷氨酸（10%），丝氨酸（10.2%），这些氨基酸是狐毛绒生长所必需的物质。在春季和秋季狐脱毛的前 1 个月日粮中加入一定量的羽毛粉（占动物性饲料的 1%～2%），连续饲喂 3 个月左右，可以减轻狐患自咬症和食毛症。

(5)奶、蛋类 奶品和蛋类是狐的全价蛋白质饲料的来源，含有全部的必需氨基酸，而且各种氨基酸的比例与狐的需要相似，同时非常容易消化吸收。

①鲜奶 牛奶和羊奶是狐繁殖期和幼狐生长发育期的优良蛋白质饲料，在日粮中加一定量的鲜奶，可以提高日粮的适口性和蛋白质的生物学价值。在母狐妊娠期的日粮中加入鲜奶，有自然催乳的作用，可以提高母狐的泌乳能力和促进幼狐的生长发育，可占日粮 20%～30%。

鲜奶是细菌生长的良好环境，极易腐败变质，特别是夏季，如果不及时消毒，放置 4～5 小时就会酸败（酸度超过 22%），饲喂给狐的鲜奶需加热至 70℃～80℃，经过 15 分钟的消毒。当发现乳蛋白大量凝固时，说明已酸败，凡不经消毒或酸败变质的奶类，不能用来喂狐。

②奶粉 乳制品厂生产的奶粉或次奶粉，是狐珍贵的浓缩蛋白质饲料。全脂奶粉含蛋白质 25%～28%，脂肪 25%～28%，1 千克奶粉，可加水 7～8 升，调制成奶粉汁，与新鲜奶基本相同，只是维生素和糖类稍有损失。

饲喂奶粉时,需先把奶粉放在 30℃～40℃ 降温的开水中搅匀,待开始调制混合饲料时,用清洁的水冲淡 7～8 倍,这样浓度的奶粉溶液蛋白质含量与鲜奶大致接近。如果混合饲料过稀时,可把奶粉冲淡到 3～4 倍。奶粉要现用现冲,一般冲淡后放置的时间不超过 2～3 小时,因冲淡后放置时间过长,会造成腐败变质。

③蛋类 鸡蛋、鸭蛋是生物学价值最高的蛋白质饲料,含有营养价值很高的脂肪,多种维生素和矿物质,全蛋蛋壳占 11%,蛋黄占 32%,蛋白占 57%。含水量为 70% 左右,蛋白质 13%,脂肪 11%～15%。

蛋类应该熟喂,因为生蛋的蛋清中含有一种抗生物素蛋白(糖蛋白的一种),能与生物素(维生素 H)相结合,形成无生物学活性的复合体抗生物素蛋白。因此,长期饲喂生蛋,生物素的活性就要长期受到抑制,使狐发生皮肤炎和毛绒脱落等症。通过蒸煮,能破坏抗生物素蛋白,从而保证了生物素供给。另外,蛋类多数是带菌的,蛋中的细菌主要存在于蛋黄部分,蛋白部分含菌较少,其原因是蛋白中含有溶菌、杀菌和制菌的物质。蛋黄部分染菌率可达 8.7%～23.7%,有的是致病菌,如葡萄球菌、鼠伤寒杆菌、肠炎杆菌等。

孵化业的石蛋或毛蛋,也可饲喂狐,但必须保证新鲜,并经煮沸消毒。喂量与鲜蛋大致一样,腐败变质的毛蛋或石蛋不能利用。

2. 植物性饲料

(1)谷物类饲料 常用的谷物类有玉米、小麦、大豆等。在狐的日粮中,每只狐每日平均 25～30 克谷物粉,一般不超过 50 克。谷物要彻底蒸熟或膨化,否则易引起肚胀或消化不良。谷物蒸熟或膨化后能提高消化率。每只狐喂 10～15 克麸皮可以改善消化率。

(2)油饼类饲料 向日葵、亚麻,大豆和花生饼等,含有丰富的蛋白质(34%～45%)和其他的营养物质。在狐的日粮中可以较多的利用,可占日粮总量的 30% 左右。

（3）果蔬类饲料　包括叶菜、野菜、牧草、块根、块茎及瓜果等。这类饲料能供给狐所需要的维生素 E、维生素 K 和维生素 C 等,同时能供给可溶性的矿物质类和促进食欲及帮助消化的纤维素。在日粮中可占 10%～20%。在炎热的夏、秋季利用瓜类可占日粮的 20%～30%。

利用蔬菜时,应采用新鲜菜,严禁蔬菜大量堆积,温度达 30℃～40℃时,菜中的硝酸盐被还原成亚硝酸盐,放置时间越长,其含量越多。饲喂含亚硝酸盐的蔬菜易引起狐亚硝酸盐中毒。蔬菜不能在水中长时间浸泡,腐烂的部分应摘去。狐对农药十分敏感,喷洒过农药的菜不能用来喂狐。

3. 添加剂饲料　添加剂饲料包括维生素饲料和矿物质饲料等。

（1）维生素饲料

①维生素 A　狐所需要的维生素 A,主要来源于鱼肝油、鱼类及家畜的肝脏。鸡蛋中含维生素 A 也较多,平均 1 个鸡蛋含 300～800 单位。夏季 100 克牛奶中含 132～156 单位,100 克羊奶含 134 单位。因此,在狐的日粮中供给 5%～10% 的肝脏,5% 左右的奶或一定量的鸡蛋,可满足狐对维生素 A 的需要。

②维生素 D　狐所需要的维生素 D,主要依靠鱼肝油、肝脏、蛋类、奶类及其他动物性饲料提供。在日常饲养中,只要饲料新鲜,就不需要另外添加。但在繁殖和幼狐生长期,对维生素 D 需要量增加,可适当添加一部分,据研究,狐对维生素 D 的最低日需要量是 10 单位/千克体重。而在实际饲养中,维生素 D 的供给标准比需要量要高 5～10 倍。

③维生素 E　含有维生素 E 的饲料是多种谷物胚芽和植物油。例如,100 克小麦芽含维生素 E 25～35 毫克,在繁殖期的狐日粮中,小麦芽可占日粮重的 5% 左右。常用的植物油有:棉籽

油、大豆油、玉米油等。如果日粮中含脂肪过高时,最好添加维生素 E 精制品,而日粮中含脂肪低,添加新鲜的植物油是适合的。棉籽油要用精制品,并需经加热制熟。青绿植物中也含有一定量的维生素 E,特别是莴苣中含量较多,春季可以大量的饲喂。

狐对维生素 E 的需要量,一般是 3～4 毫克/千克体重,妊娠期日粮中不饱和脂肪酸含量高时,用量可增加 1 倍。

④维生素 B_1　富含维生素 B_1 的饲料有酵母、谷物胚芽、细糠麸等,肉类、鱼类、蛋类、奶类也含有一定量的维生素 B_1,而蔬菜和水果中含量较少。在狐的日粮中,肉类、鱼类、谷物粉和蔬菜饲料中,虽然含维生素 B_1 较少,但只要做到保证质量新鲜,日粮中含量基本能满足需要。但维生素 B_1 是水溶性维生素,在饲料贮存或加工调制过程中损失很大,所以需经常采用添加酵母或维生素 B_1 制剂来补充维生素 B_1 的含量。

在人工饲养条件下,破坏维生素 B_1 的因素很多,所以供给量比需要量大得多,特别是在繁殖期,或大量利用谷物及干动物性饲料时,除供给 5 克左右的酵母外,不足量可用维生素 B_1 制剂(每千克体重每日 2.5 毫克左右)来弥补。

⑤B 族维生素　动、植物性饲料中均含有 B 族维生素,含量最丰富的饲料有,各种酵母,哺乳动物的肝脏、心脏、肾脏和肌肉等。鱼类、谷物、蔬菜中含量较少。狐对 B 族维生素的需要量一般从日粮中能得到满足,除繁殖期补加少量精制品外,日常饲养不需另外补充。

⑥维生素 C　各种绿色植物中含量丰富,而肉类、鱼类和谷物饲料中几乎没有。

在狐的日粮中,每千克体重每日供给 30～40 克的青绿蔬菜,加上体内能合成的部分,成年狐不会感到缺乏。但在妊娠和哺乳期,特别是北方,此时用的是贮藏蔬菜,在贮藏中维生素 C 丧失大部分,所以要注意维生素 C 制剂的添加,一般在妊娠中期每日每千克体重添加维生素 C 精品 10～20 毫克。

（2）矿物质饲料

①钙、磷添加剂　在狐饲养中常用的钙磷添加剂有：骨粉、蚝粉、蛋壳粉、骨灰、白垩粉、石灰石粉、蚌壳粉、三钙磷酸盐等。狐日粮中钙、磷的含量一般能满足需要，但其钙与磷的比例往往不当，特别是以去骨的肉类、肉类副产品和鱼类饲料为主的日粮，磷的含量比钙高。为使钙、磷达到适当的比例，应补加上述的添加饲料。牧区或肉联厂以去骨的肉类或内脏为主的日粮，每千克体重添加骨粉或蛋壳粉 1～2 克。如果利用的是含灰分较高的小杂鱼，虽然磷比钙多些，只要质量新鲜，同时含有充足的维生素 D，在不补加富含钙质的添加剂情况下，也不会发生明显的钙、磷代谢异常现象，这与维生素 D 对钙、磷代谢的调节作用有直接关系。

②钠、氯添加剂　食盐是钠和氯的主要补充饲料，单纯地依靠饲料中含有的钠和氯，有时感到不足。因此，要以小剂量每千克体重每日 0.5～1 克的不断补给，才能维持正常的代谢。哺乳期食盐供给不足，母狐食欲减退，体重下降，泌乳量降低。奶中含有钠和氯，由于不断的分泌乳汁，母体要排出的钠和氯也随之增多，因此必须不断地从饲料中得到补充，才能保持较高的泌乳能力。但是，添加过多也会中毒。

当利用鱼粉、咸干鱼、咸肉或盐浸的鲜鱼饲喂狐时，必须先用清水充分浸泡，并要多次换水以脱去过量的盐分，这是预防食盐中毒的有效方法。目前，我国饲喂毛皮兽的鱼粉含盐量为 3%～6%，咸干鱼含盐量为 7%～10%，如果不经充分的脱盐，混合饲料的含盐量将达到 2%～4%，狐的肠壁能迅速的吸收，引起严重的中毒现象。母狐泌乳期要特别注意添加的食盐不能过量，如果在泌乳期发生中毒，母狐急躁不安、食欲丧失、乳汁分泌量减少，这时会引起仔狐大批死亡。

③铁添加剂　当大量的利用生鳕鱼、明太鱼饲喂狐时，将造成

对铁的吸收障碍,产生贫血症;因此,常采用硫酸亚铁、乳酸盐、枸橼酸铁等添加剂来补充。幼狐生长期和妊娠期,对铁的需要量增加,为了防止贫血症和绒毛褪色,每周可投喂硫酸亚铁2~3次,每次喂量为每千克体重5~7毫克。补喂的方法是先把铁添加剂溶解在水中,喂食前混入日粮中,并搅拌均匀。

④铜添加剂 狐日粮中缺铜时,也能发生贫血症,但狐对铜的需要量,目前研究得很不够。美国和芬兰等国,在配合饲料或混合谷物中铜占谷物中0.003%,日本喂狐的矿物质合剂中含铜1%。

⑤钴添加剂 钴在狐的繁殖过程中,起一定作用,因此当日粮中缺乏钴时,繁殖力下降,所以可用氯化钴和硝酸钴作为钴的添加剂。

(3)抗生素 在狐饲养中,经常小剂量的利用抗生素,如粗制的土霉素、四环素等。抗生素对狐虽然没有直接的营养作用,但对抑制有害微生物繁殖和防止饲料腐败具有重要意义。夏季天气炎热,饲料极易腐败变质,投喂抗生素,可预防胃肠炎的发生,并能提高饲料利用率和促进幼狐的生长发育,但经常饲喂抗生素,能引起体内抗药性强的菌株增殖,对利用抗生素药物治疗疾病不利。

(4)抗氧化剂 可作为抗氧化剂的物质有:维生素E、磷酸、钾磷脂、丁基化羟基甲苯、丁基化羟基甲氧基苯等。

(5)氨基酸 作为饲料添加剂的氨基酸,包括赖氨酸、蛋氨酸等。

(二)饲料的营养作用

饲料中所含的营养成分为:蛋白质、脂肪、碳水化合物、水分、维生素和矿物质等。

1. 蛋白质 蛋白质是一切生命活动的基础,是动物体中最主要的营养物质。主要由碳、氢、氧、氮4种元素组成,有的含有少量的硫。蛋白质的基本结构单位是氨基酸。蛋白质的质量,取决于各种氨基酸的含量,而氨基酸又分为必需氨基酸和非必需氨基酸。

一般来说,凡在动物体内不能合成,或能够合成但其合成速度和数量不能够满足动物正常生长和生活的需要,必须由饲料中供给的氨基酸,都被称为必需氨基酸;反之,在动物体内合成较快,或需要量较少,不必依靠饲料中供给而且能保证生长和生活需要的氨基酸,被称为非必需氨基酸。对狐来说,必需氨基酸包括赖氨酸、色氨酸、组氨酸、苯丙氨酸、亮氨酸、异亮氨酸、苏氨酸、蛋氨酸、缬氨酸、精氨酸和胱氨酸等 11 种氨基酸。

不同饲料的合理配合,使蛋白质有良好的互补作用,也能提高饲料的营养价值。狐的蛋白质主要来源于动物性饲料。动物性饲料质量的优劣主要取决于蛋白质含量的多少;蛋白质质量的优劣由必需氨基酸含量和种类决定。动物性饲料含的必需氨基酸越多质量越好。

2. 脂肪　脂肪是热能的主要来源,也是能量的最好贮存形式。脂肪是脂溶性维生素的有机溶剂,脂溶性维生素 A、维生素 D、维生素 E、维生素 K 必须溶于脂肪中才能被机体吸收。

脂肪酸是构成脂肪的重要成分,动物体生命活动所必需,那些在体内不能合成或不能大量合成,必须从饲料中获得的不饱和脂肪酸(如亚麻二烯酸、亚麻酸和二十碳四烯酸)被称为必需脂肪酸。

狐在繁殖期适宜的脂肪供给量不超过 12%(占干物质),在幼狐生长期,脂肪量要达到 17%,或者日粮中每 418 千焦代谢能按3.5 克或 5 克脂肪给予。大量脂肪(占干物质的 20%~22%)虽然能促进狐的快速增长,但对毛绒质量有不良影响。特别是不饱和脂肪酸过多,在保存时容易氧化,不饱和脂肪酸氧化产物(过氧化物、醛、酮)对动物有害,能引起消化功能紊乱,破坏多种维生素(如维生素 A、维生素 B_1、维生素 C、维生素 B_6 和生物素等),使幼狐生长迟缓,毛被褪色和粗糙,母狐繁殖期可引起流产、空怀和胚胎吸收。

日粮中含有大量不饱和脂肪酸时,机体对维生素 E 的需要量增加，如果此时恰好在饲料中维生素 E 含量少，会使狐的繁殖功能受阻和产仔率下降。因此，给狐饲喂富含不饱和脂肪酸的脂肪时，必须在日粮中增加维生素 E 的量。为了预防不饱和脂肪酸被氧化破坏，需加抗氧化剂，防止脂肪氧化，即磷脂或其他抗氧化物质。

3. 碳水化合物 碳水化合物的主要功能是提供能源，剩余部分则在体内转变成脂肪贮存起来。狐一般可接受的碳水化合物的量，应控制在日粮的 25%左右。一般控制在每 418 千焦代谢能 0.3～0.7 克。

对谷物类饲料进行熟制加工，可提高狐对碳水化合物的消化能力。煮熟和膨化的食物，可提高消化率 10%，同时能消除危害狐的病原微生物，还可改善饲料的适口性。北极狐日粮中的碳水化合物要比银黑狐略高，可超过 25%。从 4 月龄到屠宰前，狐的碳水化合物的量能达到 45%（占代谢能）。哺乳期碳水化合物不超过日粮的 30%，而其他非繁殖期控制在 35%（占饲料代谢能）。

4. 维生素 维生素是动物营养、生长所必需的、重要的微量有机化合物，对机体的新陈代谢、生长、发育、健康有极其重要的作用。维生素是许多酶类的组成成分。因此，维生素对狐的营养是不可缺少的部分。

维生素不足时，各种酶的合成和一些营养物的吸收被破坏，引发各种疾病，即维生素缺乏症。维生素缺乏症有时不是因为维生素的喂量不足，而是饲料中脂肪氧化破坏了维生素，或者与抗维生素酶类有关。在各种疾病发生的条件下，维生素吸收受到影响。

很多淡水鱼（鲤鱼、鲫鱼、红鳕、鳙鱼等）和海鱼（毛鳞鱼、远东沙丁、沙丁、银鲑、田鹬鱼和梭鱼等）含有硫胺素酶，大量饲喂这些鱼时，可导致维生素 B_1 被破坏，因而发生维生素 B_1 缺乏症。狐表现为丧失食欲，仔狐生长停滞。为了预防维生素 B_1 缺乏症，一是限制含硫胺素酶鱼类的喂量在 20%以下，而掺上其他鱼类；二是在大量喂饲含硫胺素酶的鱼类时,可用熟喂的办法,同时要补给富含维生素 B_1 的饲料。

在经济日粮中,往往是维生素 E 和 B 族维生素不足。由于饲料中维生素的含量常有较大的变化。因此,维生素的补给量要达到饲料中含量的 1 倍以上。这一点上,狐与大家畜的饲养有明显的不同。

饲料中维生素含量丰富的有:肝、奶、酵母和蔬菜。为了补充狐对维生素的需要,可使用医用维生素精制品,或多种维生素制品。

5. 矿物质 狐机体内矿物质虽然含量较少,但在营养和生理上却很重要。矿物质对于维持狐机体各组织的功能,特别是神经和肌肉组织的正常兴奋性有重要作用。另外,在维持水的代谢平衡、酸碱平衡、调节血液正常渗透压方面有重要生理作用。

维持狐机体正常营养所需的矿物质有:钠、钾、氯、钙、磷、硫、铁、锰以及钴、铜、锌、碘等。

一般饲喂带骨的鱼、肉、鸡头、肝脏等可补充,或是添加这些元素的补充饲料均可。

6. 水分 水分是构成机体的重要组成部分,正常成年狐体内水分的含量约占体重的 65%。狐可丧失全部脂肪和半数以上的蛋白质而活着,然而丢失 1/10 的水分就会导致死亡。水是体内生理反应的良好媒介和溶剂,并参与体内物质代谢的水解、氧化和还原等生化过程,它还参与体温调节,对维持体温恒定起着重要作用。

妊娠和哺乳的母狐,由于代谢旺盛,需增加水的供给量。生长期的幼狐和配种期的公狐,更应注意饮水的供给。

冬季北方寒冷地区,最好供给温水,每日 1 次。河北、山东、河南一带在夏季也应保证充足饮水,以防中暑。

二、狐饲料的加工与调制

详见第一章水貂饲料调制。

三、狐营养需要

狐的营养需要指的是每只狐每日对能量、蛋白质、矿物质和维生素等养分的需要,饲养标准则是狐在不同生理阶段,为达到某一生产水平,每日必须供给每只狐各种营养物质的最适数量的标准。狐的饲养标准是经科学试验和生产检验,制定出的最合理的供给狐营养的标准。生产者可按饲养标准配合饲料,以达到既能充分发挥狐的生产潜力,又不浪费饲料,从而取得理想饲养效果的目的。

不同种类的狐以及同一种狐在不同的生物学时期(或生产时期)对各种营养物质的需要都有其不同的特点,狐不同时期对各种营养物质的需要量及饲养标准见表 2-1,表 2-2,表 2-3。

表 2-1　狐的饲养标准(一)

饲养时期	代谢能（兆焦）	热能比				
		鱼肉类	奶类	谷物	果蔬	其他
银黑狐						
6～8 月份	2.09～2.26	40～50	5	40～45	3	2
9～10 月份	2.26～2.30	45～60	5	30～45	3	2
11 月份至翌年 1 月份	2.38～2.51	50～60	5	30～40	3	2
配种期	2.09	60～65	5～7	25	3～4	3～4
妊娠前期	2.30～2.51	50	10	34	3	3
妊娠后期	2.93～3.14	50	10	34	3	3
哺乳期	2.09	45	15	34	3	3

续表 2-1

饲养时期	代 谢 能（兆焦）	热 能 比				
		鱼肉类	奶 类	谷 物	果 蔬	其 他
北 极 狐						
6～8 月份	2.51	50		42	8	
9～10 月份	2.93	60		30	8.5	2
11 月份至翌年 1 月份	2.93	65	5	21	5	4
配 种 期	2.51	70	5	18	5	2
妊 娠 前 期	2.93～3.14	65	5	23	5	2
妊 娠 后 期	3.35～3.56	65	10	20	3	2
哺 乳 期	2.72	55	13	25	5	2

表 2-2　狐的饲养标准（二）

月　份	银 黑 狐			北 极 狐		
	体　重（千克）	代谢能（兆焦）	可消化蛋白质（克）	体　重（千克）	代谢能（兆焦）	可消化蛋白质（克）
1	5.6	2.34	45～59	4.9	2.05	39～56
2	5.3	2.22	42～56	4.7	1.97	38～54
3	4.9	2.26	38～49	6.6	2.13	41～59
4	4.4	2.11	35～45	4.2	2.11	38～51
5	4.3	2.15	36～46	3.9	2.13	46～60
6	4.1	2.41	46～60	3.7	2.41	44～64
7	4.1	2.41	43～55	3.7	2.32	44～58
8	4.3	2.34	42～53	3.8	2.30	44～57
9	4.7	2.36	42～54	4.2	2.28	44～58
10	5.0	2.30	41～52	4.6	2.30	44～58
11	5.5	2.30	41～52	5.0	2.30	44～58
12	5.8	2.30	44～58	5.2	2.18	42～55

表 2-3　狐的重量比饲养标准

饲养时期	代谢能（兆焦）	饲料量（克/只）	粗蛋白质（克）	重量比				
				海杂鱼	肉类	谷物窝头	蔬菜	奶类＋水
准备配种期	2.22～2.26	540～550	60～63	50～52	5～6	13～14	12～13	13～15
配种期	2.09～2.22	500	60～65	57～60	5	12～13	10～12	10～12
妊娠期	2.22～2.30	530	65～70	52～55	5～6	10～11	10～12	12～16
产仔、泌乳期	2.72～2.93	620～680	73～75	53～55	8～11	11～12	12～13	15～18

饲养时期	添加饲料（克/只）							
	酵母	食盐	骨粉	添加剂	维生素 B_1（毫克）	维生素 C（毫克）	维生素 E（毫克）	鱼肝油（单位）
准备配种期	7	1.5	5	1.5	2	20	20	1500
配种期	6	1.5	5	1.5	3	25	25	1800
妊娠期	8	1.5	10～12	1.5	5	35	25	2000
产仔、泌乳期	8	2.5	5	2.0	5	30	25	1500

注：在食盐用量中，银黑狐不能超过 3～4 克，北极狐不能超过 2 克

四、日粮配制及典型配方

(一)常规日粮配制方法

1. 确定日粮总热能　参照狐配种期营养需要及饲养标准，确定日粮的总热能为 2 092 千焦。各种饲料所含热能比为：肉鱼类 60%～65%，奶品 5%～7%，谷物 25%，果蔬 3%～4%，鱼肝油等 3%～4%，蛋白质为 65～70 克。

海杂鱼占 40%，日粮中热能为 2 092×40%＝836.8 千焦

牛肉占 25%，日粮中热能为 2 092×25%＝523 千焦

牛奶占 5%，日粮中热能为 2 092×5%＝104.6 千焦

玉米面占 25%，日粮中热能为 2 092×25%＝523 千焦

白菜占 3%，日粮中热能为 2 092×3%＝62.76 千焦

鱼肝油等占2%,日粮中热能为$2092×2\%=41.84$千焦

合计100%,总热能为2092千焦

2. 换算各种饲料所占热能的相应重量 从饲料成分表中查出各种饲料每100克的热能,再换算每种饲料所占热能的相应重量。

其重量的计算公式为:

$$C=100\ B/A$$

式中:C——该种饲料在日粮中的相应重量(克)

B——该种饲料在日粮组成中所占的热能(千焦)

A——100克该种饲料的热能(千焦)

3. 核算日粮中蛋白质的含量 查饲料成分表,将各种饲料中蛋白质的含量乘以该饲料的重量,即将该饲料蛋白质的重量,依次相加,可得出日粮中总的蛋白质含量(表2-4)。

表 2-4 100 克饲料的热能占日粮热能的相应重量

饲料种类	100 克饲料的热能 (千焦)A	日粮组成中热能 (千焦)B	日粮中相应重量 (克)C
海杂鱼	351.46	836.8	240
牛 肉	577.39	523	90
牛 奶	288.70	104.6	36
白 菜	79.50	62.76	79
玉米面	1527.16	523	34
鱼肝油	3765.6	41.84	1.1

例如:海杂鱼 240 克×18%=43.2 克

牛肉 90 克×20.6%=18.5 克

牛奶 36 克×3.4%=1.2 克

白菜 79 克×1.4%=1.1 克

玉米面 34 克×9.6%=3.3 克

依次相加得 67.3 克,验证该饲料符合原定营养需要指标。

4. 确定日粮中添加饲料的供给量 按饲养只数,计算出全群饲料量,分早、晚投给。

(二)重量配比法

重量法配比狐的日粮,是按饲料的重量为计算依据的。即首先确定各种饲料占整个日粮重量的百分比,然后计算出各种饲料的给量,最后核算日粮中蛋白质的含量,以检查日粮的可行度。这种方法由于计算简便,易于掌握,所以适于生产场和专业户使用。举例如下:3 月中旬母狐配种结束,进入妊娠期,全群 50 只种狐,肥度中等,食欲良好,现有的饲料种类有牛肉、马肉、海杂鱼、牛马内脏、痘猪肉、鲜碎骨、玉米面、黄豆面、白菜(微量)、豆汁、牛乳及各种维生素等。

第一,按狐的不同生物学时期的营养需要、饲养标准及狐群体况、食欲等情况,确定其日粮给量为 600 克,蛋白质应达到 80～100 克。

第二,确定各类饲料在日粮中的重量比,并按所规定的比例计算出每只每日应供给的各种饲料的重量。

牛肉占 20% 重量:600 克×20%=120 克

马肉占 12% 重量:600 克×12%=72 克

海杂鱼占 30% 重量:600 克×30%=180 克

鲜碎骨占 4% 重量:600 克×4%=24 克

牛马内脏占 5% 重量:600 克×5%=30 克

牛奶占 4% 重量:600 克×4%=24 克

玉米面占 12% 重量:600 克×12%=72 克

豆面占 4% 重量:600 克×4%=24 克

白菜占 1% 重量:600 克×1%=6 克

水占 8% 重量:600 克×8%=48 克

第三,核算日粮蛋白质的含量,查饲料成分表得出:牛肉每

100 克含蛋白质 20.6 克,即 20.6%;海杂鱼每 100 克含蛋白质 18 克,即 18%。依此类推得出:牛奶为 3.4%,白菜 1.4%,玉米面 9.6%,黄豆面 36.3%,马肉 19.6%,鲜碎骨 17%,牛马内脏 12%。按日粮重乘以含量即计算出各种饲料蛋白质含量,如海杂鱼 180 克×18%=32.4 克,牛肉 120 克×20.6%=24.7 克。

依此类推,算出日粮中各种饲料的蛋白质含量,然后依次相加,即得整个日粮的蛋白质含量 99.4 克,符合原定饲养标准。

第四,确定添加饲料的供给量,如酵母每只每日给 2 克,维生素 A 1 000 单位,维生素 C 30 毫克。

第五,根据全群种狐只数算出全群饲料供给量,并按比例(4:6)分配早饲和晚饲的饲料给量。

饲料单的制订较烦琐,往往需反复计算,拟定一个最适合的饲料单。新制订的饲料单饲喂后,必须注意观察其食欲、适口性、消化和体重消长等情况,发现不适宜时要随时调整,重新拟定饲料单。

(三)典型配方

见表 2-5。

表 2-5 狐不同饲养时期典型日粮配方

饲 料	银 黑 狐			北 极 狐		
	繁殖期	哺乳期	育成期	繁殖期	哺乳期	育成期
基础饲料						
海杂鱼(%)	30	34		25	30	
鱼粉(%)	9	9	8	14	13	12
肉类(%)	—	—	30			26
鸡蛋(%)	6			6		
肝脏(%)	7	6	5	7	6	5
鸡副产品(%)	12	—	12	10	—	12
家畜副产品(%)	—	12	6		11	6

续表 2-5

饲　料	银黑狐			北极狐		
	繁殖期	哺乳期	育成期	繁殖期	哺乳期	育成期
鲜　奶(%)	—	3	—	—	3	—
脂　肪(%)	—	1	1	—	1	1
窝　头(%)	16	15	17	18	16	17
酵　母(%)	1	1	2	1	1	2
蔬　菜(%)	9	12	9	9	12	9
水	10	7	10	10	7	10
合　计	100	100	100	100	100	100
添加饲料(每只添加)						
骨粉(克)	—	—	—	—	—	—
食盐(克)	2	2	2	2	2	2
维生素 A(单位)	2000	2000	1500	2000	2000	1500
维生素 E(毫克)	25	25	20	25	25	20
维生素 B_1(毫克)	5	5	3	5	5	3
维生素 C(毫克)	35	35	25	35	35	25

第三节　饲养管理

　　根据狐不同时期的生理特点,可将一年的生产周期划分为准备配种期、配种期、妊娠期、产仔哺乳期、恢复期和冬毛生长期。上述各时期不能截然分开,彼此之间相互联系、相互影响,都是以前期为基础的。

　　北极狐饲养时期的划分与银黑狐相似,只是配种期较银黑狐晚 2 个月(表 2-6)。

表 2-6　银黑狐饲养时期的划分

兽　别	月　份											
	1	2	3	4	5	6	7	8	9	10	11	12
种公狐		配种期			恢复期					配种准备期		
种母狐	配种妊娠期			泌乳期	恢复期					配种准备期		
幼狐				哺乳期	育成期和冬毛生长期							

一、准备配种期的饲养管理

8月底至翌年1月中旬是狐的准备配种期。这个时期前后共经历近5个月之久。为了管理方便,又分为准备配种前期(8月底至11月上旬)和准备配种后期(11月中旬至翌年1月中旬)。

(一)准备配种期的饲养

成年种狐由于经历了前一繁殖期,体质较差。育成种狐也仍处于生长发育阶段。因此,在准备配种前期,饲养上应以满足成狐体质恢复,促进育成种狐的生长发育,有利于冬毛成熟为重点。准备配种后期的任务是平衡营养,调整种狐的体况。

狐合成维生素的能力很差,几乎均由外界提供,在准备配种期,除供给营养全价的饲料外,还应调整好狐的体况。为了防止体况过肥,应限制采食。准备配种期配合饲料比例见表2-7。

表 2-7　准备配种期配合饲料比例　(重量比)

饲料种类	准备配种前期(%)	准备配种后期(%)
动物性饲料	70～76	75～80
谷物性饲料	10～16	7～15
蔬　菜	8～12	8～10

(二)准备配种期的管理

1. 保证光照 除控光饲养外,狐一般都应在自然光照下饲养。无规律地增加或减少光照会影响狐的正常繁殖周期,产生不良后果。

2. 供足饮水 充足清洁的饮水,是狐生长中不可缺少的重要一环。缺水严重时会导致代谢紊乱,甚至死亡,轻者也会食欲减退,消瘦。

3. 严格选种 对营养不良、患有疾病或有潜在疾病(有轻微症状)的一律取皮淘汰。

4. 调整好体况 狐的体况过肥或过瘦都会降低繁殖力。因此,应注意观察体况,及时查找原因,采取措施。

一般鉴定体况可通过目测或触摸、称重来进行。

(1)目测鉴定 观察狐体躯,特别是后臀是否丰满,运动是否灵活,皮毛是否光亮及精神状态等来判断。臀部宽平或中间凹陷为过肥,臀部曲线如弧形(鸡卵的大头形状)为适中,如鸡卵小头形状则为过瘦。

(2)触摸鉴定 触摸背脊部、肋部及后腹。过肥,狐脊平,肋骨不明显,后腹圆厚;过瘦,则脊柱、肋骨突起,后腹空松;中等体况,介于两者之间。

(3)称重鉴定 因不同狐群和个体间,体重存在较大差异。可采用体重指数法[即体重(克)与体长(厘米)的比值]来确定其肥瘦。银黑狐体重指数为1厘米体长的体重为80~90克。

因北极狐皮下脂肪丰富,上述3种鉴定方法适用于银黑狐,北极狐则有所不同。一般用手触摸时,摸不到脊椎骨为体况过肥;脊椎骨外突,则过瘦。北极狐稍瘦一点,对繁殖无影响。一般体重指数为每厘米体长的的体重90~100克为宜。

想增肥时,可增加食量或提高日粮标准,对食欲较差的,也应查找原因,对症治疗。减肥时,通过减少食量、降低饲养标准、增加运动等方法来实现适度调控,切忌大起大落。

5. 异性刺激 准备配种后期,把公、母笼间隔摆放,增加接触时间,刺激性腺发育。

6. 加强运动 通过活动、增加食欲来提高狐自身体质。运动也可使种狐发情正常,性欲旺盛。公狐配种能力强,母狐配种顺利。

7. 发情检查 准备配种后期的后一段时间,应进行全群母狐发情检查,对狐群整体的发情状况做到心中有数。

8. 准备工作 配种前做好配种计划,人员的配置及使用工具的准备。

二、配种期的饲养管理

(一)配种期的饲养

配种期狐的性欲旺盛,食欲减退。在配种过程中,种狐(尤其是公狐)体力消耗很大。所以,配种期的饲料要求营养全价,适口性好,体积小,易于消化。公狐在配种期内每日补饲1次,补饲的饲料以优质、适口性为主,通常肉、鱼类占40%;肝占15%;奶、蛋类占45%。

(二)配种期的管理

1. 保持安静 狐对周围的环境非常敏感,特别是公狐最易受惊。公狐如受外界环境干扰,会导致配种能力下降。因此,应保持饲养场内的相对安静,避免外人进场。全部操作由饲养人员负责进行。

2. 合理饲喂 配种期可采用下午1次喂食,早晨和上午的时间用来配种。上午配种结束时,进行种公狐补饲。

3. 保证饮水 配种期狐的运动量加大,要保证饮水。

4. 防止跑狐 由于捉狐频繁,应减少跑狐,以免捉狐时造成对整个狐场的惊扰。

5. 做好配种记录 放对配种结束后,要及时做好配种记录,并将母狐放回原笼舍内或归于妊娠母狐群饲养。

三、妊娠期的饲养管理

交配后的母狐,一般都视为妊娠母狐进行饲养管理。

(一)妊娠期的饲养

妊娠母狐机体的生理变化非常复杂,营养需要也比较高,在这个时期,狐既要保持自身的新陈代谢;又要满足换毛、胚胎发育的营养需要,为仔狐泌乳做准备。对饲料的要求是营养全价,品种稳定,品质新鲜,适口性强。在妊娠母狐的日粮中,补充硫酸亚铁,可预防初生仔狐缺铁症。在饲料中补充钴、锰、锌,可降低仔狐的死亡率。

妊娠前期母狐采食量开始增加,日粮中的能量水平应相对高一些,妊娠后期饲料中蛋白质水平适当提高,以满足胎儿迅速发育的需要。初产母狐由于身体还处于生长发育阶段,能量水平要比经产狐高一些,狐在产仔前一段时间食量减少,要适当减少饲料的供应。

蓝狐在妊娠前4周,给食量一般控制在0.55~0.6千克;妊娠后期由于胎儿生长加快,饲料日给量可提高到0.6~0.7千克,动物性饲料比例占70%左右。每只日饲料中添加维生素B_1 25毫克,维生素C 30毫克,维生素A 2 500单位。

(二)妊娠期的管理

1. 创造安静的环境 狐在妊娠末期和产仔泌乳期,对外界环境反应非常敏感。如饲养员大声喧哗、粗暴操作、噪声等,或是外来人员及饲养人员衣着的更换,天气寒冷,检查产箱时声音太大等,都会导致母狐空怀、流产、早产、难产、叼仔、拒绝哺乳等。因此,生产中避免外界环境对狐造成的不良影响,特别是在繁殖期,应尽量减少对狐的刺激,保持安静的环境。

2. 推算预产期　将受配母狐的预产期记录在产箱上,以便做好母狐临产前的准备工作。生产中常采用"月加二,日减八"的方法推算预产期。例如,某日母狐受配日期为 1 月 29 日,其产仔日期"月加二"为 3 月,"日减八"为 21 日,即 3 月 21 日。如果日数小于 8 时,可以借一整月来减。如某日母狐受配日期为 2 月 5 日,预产期为 3 月 28 日。

3. 准备产仔箱　一般预产期前 2 周,将产箱清理,消毒,用柔软的垫草絮窝。垫草除具有保湿作用外,还有利于仔狐的吸乳。絮窝时应一次絮好,防止产后缺草。临时补加易使母狐受惊。狐产仔时,天气仍然较冷,产箱裂缝要用纸糊好,以利于保温。

4. 供足饮水　妊娠母狐代谢水平提高,需水增加,一定要供足饮水。

四、产仔哺乳期的饲养管理

从母狐产仔至仔狐分窝称为产仔哺乳期,这期间约为 8 周。

(一)产仔哺乳期的饲养

此期的中心任务是产仔保活,促进仔狐生长发育。

产仔哺乳前期,应加强母狐的饲喂,充分保证泌乳和自身的营养需要,仔狐出生后 3 周的生长发育,完全取决于母狐的泌乳量和品质。所以,狐母乳的优劣,直接影响到仔狐的生长发育。仔狐对母乳的需要量也随日龄而增加,开始采食后便开始下降,母狐泌乳量也随之相应减少。

哺乳期母狐的日粮,必须考虑胎产仔数和日龄,银黑狐胎产高于 3 个时,北极狐胎产高于 8 个时,要调高日粮水平,确保母狐分泌充足乳汁。北极狐胎产仔 13 只以下的,一般母狐可以自己养育,产仔数多,泌乳差的要及时将仔狐寄养出去。

母狐产仔的前 1 周日粮中,每日约需 12 克可消化脂肪,仔狐达到 5~8 周龄时,可消化脂肪增至 60 克,有利于泌乳。

（二）产仔哺乳期的管理

1. 保持狐场的安静 实践证明，母狐在产仔哺乳早期，神经系统高度兴奋，对周围环境中出现的声音极为敏感。一旦发生噪声等惊吓，就会引起弃仔、咬仔现象，因此须保持狐场安静。

2. 做好仔狐的检查 母狐产仔 6 个小时后，就可开箱检查仔狐。检查时，只要细心、谨慎、不动仔狐、不带异味，一般不会因检查使母狐受惊吃仔。以后根据具体实际情况，可采用听、看、查等方法进行检查。

（1）听 主要是听仔狐的动静和叫声，仔狐吃饱初乳即进入沉睡，很少嘶叫，小室内很安静，直至下次吃奶才醒来"吱、吱"嘶叫，叫声洪亮、短促有力，说明仔狐健康；叫声低沉无力，多属软弱或缺奶的仔狐。

（2）看 主要看母狐的食欲，母狐食欲正常，精神饱满，除吃食外，整日都在产仔箱护理仔狐，极少出来活动；其次看母狐乳头，若母狐按时给仔狐哺乳，乳头周围干净、红润，有乳痕迹，均属正常。否则不正常，需开箱检查。

（3）查 就是打开产仔箱直接检查仔狐情况，健康的仔狐一般在窝内抱团沉睡，大小均匀，胎毛色深有光泽，浑身红润、圆胖、有弹性。而软弱或缺奶仔狐分散在产仔箱四处乱爬，浑身干瘦，胎毛无光泽，身体潮湿而发凉，拿在手中挣扎无力，腹部松软，叫声软弱。发现上述问题应立即采取适当抢救措施，检查动作要快，防止母狐受惊，引起精神紧张，叼仔。如果母狐受惊，可立即关闭产仔箱门 20 分钟左右，即可消除母狐惊恐状态。

3. 仔狐保活和代养 提高仔狐的成活率，是关系到养狐者经济效益高低的大问题，要想养狐成功和获得良好的经济效益，必须想方设法，加强管理。

对产仔过多，仔狐发育不均、缺奶、母性不强的母狐，可将全部或部分仔狐拿出来，找产仔少、产仔期又接近的母狐代养，代养母狐必须具备性情温驯、无食仔癖、乳头多、泌乳充足等条件。

代养办法:将母狐关在产仔箱外边,仔狐身上涂上代养狐的粪尿,与其仔狐放在一起,再让母狐进产仔箱。若母狐无异常表现,并照样哺乳,说明代养成功;若母狐叼咬代养仔狐,必须立即将代养仔狐取出。使用母狐代养,整个代养过程,必须细致观察,防止意外,也可以找同期产仔的母貉或母狗代养仔狐。

4. 人工辅助喂养 母狐产仔后受惊,叼咬仔狐时,可将仔狐立即取出来,进行人工辅助饲养,将仔狐放入保温箱内,可将母狐人工保定好,让仔狐自己吮乳。4～7 日龄仔狐每日哺乳 6 次,哺乳时将体弱的仔狐放在乳汁充足的乳头上让其吮饱。仔狐吮乳后,应用卫生纸或酒精棉球擦仔狐肛门和尿道口,模仿母狐舐仔狐动作,刺激仔狐排尿、排粪;否则,易使仔狐造成胀肚死亡。10 日以后再将仔狐放回原产箱内,让母狐自己带养,以保证仔狐发育整齐、健康。

喂养初生仔狐时,可在消毒的鲜牛奶中加入少许葡萄糖、维生素 C、B 族维生素和抗生素,用吸管或特制的奶瓶喂养。

仔狐的红爪病是维生素 C 不足所致,呈现爪红厚,趾垫有出血点,经过 1～2 天局部形成结痂。发生此病后,可口服 2% 维生素 C 1 毫升,每日 2 次直到痊愈。同时增加母狐维生素 C 和维生素 A 的供给量。

气温过低,初生仔狐容易受冻而死,此期要保证充足的垫草和完整的窝形。产箱缝隙可以用纸条糊好或用棉被包裹。

对于初生 2 周龄运动能力差的仔狐来说,每逢高温天气,容易出现中暑现象。仔狐中暑死亡率很高。炎热天气可采取遮荫,或把产仔箱上盖支起来降温。

5. 防治疾病 仔狐开始采食后,天气越来越暖和,此时饲料容易变质。当仔狐吃了变质饲料后,容易得胃肠炎及其他疾病,因此,要保持饲料和笼舍的卫生。

五、幼狐育成期的饲养管理

仔狐断奶分窝后至取皮前这段时间成为育成期。仔狐一般在8周龄断奶分窝,也有45日龄断奶的。其推算方法是:产仔日期月份加1,日期大月加14,小月加15,即为哺乳日期已足45天了,可以考虑断奶和分窝。如4月6日产仔,月+1=5,日+15=21,其断奶日期为5月21日,若日期加后超30天可进上去1个月即可。如:4月21日产仔,月+1=5,日+15=36,其断奶日期为6月6日。

(一)幼狐的饲养

断奶后,前10天的日粮,仍按哺乳期补饲的日粮标准进行饲喂,饲料的种类和营养标准保持原来水平。幼狐生长发育很快,幼狐食欲好,代谢旺盛,饲料利用率高,对日粮要求营养全价、品质新鲜、数量充足。因此,7～23周龄的幼狐,日粮中蛋白质含量应占其干物质的40%以上。幼狐对矿物质、维生素的需要量也很高,应在饲料中予以满足。

(二)幼狐的管理

1. 适时断乳分窝 断奶前,根据狐群数量,准备好笼舍、食具、用具、设备;同时,要进行消毒和清洗。断奶分窝后,幼仔完全脱离母乳,进入独立生活阶段,生长所需要的营养物质全部从饲料中获得,这是一个生理转折点。刚断奶的头几天,幼狐表现烦躁不安,食欲不振,体重增长缓慢甚至下降,发病率也高。因此,幼狐断奶后,营养和管理的优劣,对幼狐育成和毛皮的质量影响极大。如管理不当,会造成大批幼狐消化不良,严重的死亡,给生产带来重大损失。

仔狐断奶分窝的方法较多。最好是断奶前几天,先减少母狐的饲料数量,强迫母乳泌乳减少,形成自然断奶,这样可防止仔狐突然断奶后消化不良。当仔狐发育均匀时,可将母狐移开,同窝仔狐可生活一段时间后,再逐步分开。若同窝发育不均,可将强壮的先拿走,其余的由母狐继续哺育,待健壮后再分开。分窝后,不管是单养还是几只合养,注意保证充足的饲养空间和充足的饲料供给,同时,要注意观察,发现问题,及时解决。

2. 适时接种疫苗　分窝后 15～20 天,应对犬瘟热、狐脑炎、病毒性肠炎等重要传染病,实行疫苗预防接种,防止各种疾病和传染病的发生。搞好笼网、食具卫生,要做好防暑降温工作,防止中暑,保持狐笼通风良好,应避免阳光直接照射,水盒保持清洁饮水。

3. 认真选种　种狐的初选在分窝时进行,根据母狐的哺乳和仔狐的生长发育情况,初步选留经产母狐和幼种狐。

4. 做好记录　对仔狐的成活情况、生长情况、毛色分离情况做好记录。

六、冬毛生长期的饲养管理

进入秋季以后,狐体生长基本结束。由主要生长骨骼和内脏转为主要生长肌肉,沉积脂肪。同时,随着日照周期的变化,将陆续脱掉夏毛,长出冬毛。此时,狐代谢水平也较高,蛋白质代谢呈平衡状态。所以,狐采食量也很大,积贮营养,加速换毛,为自己越过漫长的寒冬所需的营养做好准备。

对于皮用狐,为获得优质皮张,日粮中要充分满足蛋白质和胱氨酸的需求。动物性饲料可占 55%,并同时注意日粮中脂肪的供给。冬毛生长期也是狐的配种准备期,应注意种狐的保温越冬工作,并注意调整其体况;对皮用狐,要注意皮毛的质量,应在箱中垫有充足的垫草,及时清理小室内的剩食和粪便。在喂食时,注意不要将饲料撒到其被毛上,以利于被毛的梳理。另外,对那些有缠结毛的皮用狐,应人工将其梳理开来,以免影响毛皮质量。

第四节 狐的繁殖

一、狐的繁殖特点

狐是季节性单次发情动物,每年只繁殖1次。银黑狐发情季节为1月中旬至3月中旬,北极狐则为2月中旬至5月上旬。

夏季,公狐的睾丸很小,处于静止状态,重1.2～2克,质地坚硬,此时的精原细胞不能产生成熟精子。从外观上看不到阴囊。8月末至9月初,睾丸开始逐渐发育,11月份则明显增大,翌年1月份至2月初阴囊被毛稀疏,松弛下垂,直观显而易见。此时的睾丸直径可达2.5厘米左右,精原细胞可产生成熟精子。有性欲要求,可进行交配。

母狐的生殖器官在夏季也处于静止状态。从8月末滤泡逐渐发育,黄体开始转化。11月份黄体消失,滤泡迅速增长,翌年1月份发情排卵。子宫和阴道在此期也发生变化,体积、重量明显增大,而北极狐则相对晚一些。狐属于自发性排卵动物。滤泡并不是同时成熟和排卵,最初和最后1次排卵持续时间为1～3天。

据文献报道,发情的第一天只有13%的母狐排卵,发情的第二天排卵率达到47%,第三天达到60%,第四天达到97%。要想提高母狐的受胎率,最好是在母狐发情的第二至第三天交配。通过560只母狐繁殖试验得知,交配1次时,空怀率达到30.9%;初配后第二天复配时,空怀率降至14.7%;当再次连续复配时空怀率降至4.3%。

二、狐的繁殖技术

(一)发情鉴定

公狐的发情鉴定比较简单,发情表现主要是趋向异性,对母狐较为亲近,采食量减少,有"咕咕"的叫声,活泼好动,时常扒笼观望邻笼的母狐,排尿次数增多,尿中"狐香"味加浓。公狐配种能力能保持很长时间,最长可达 22 天以上。

母狐的发情鉴定较公狐复杂,一般有外部观察法、试情法、阴道涂片法和测情器法等。

1. 外部观察法　主要是通过外阴部的变化特征来判断母狐的发情状况,也可通过母狐的精神状态、行为变化来判断。这种方法简单、常用、实用,但要求检查人员必须具有一定的实践经验。

为了便于观察发情阶段的变化,根据母狐外阴部变化、精神状态将整个发情阶段分为发情前期、发情期、发情后期。把非繁殖期称为乏情期。发情前期又分为发情前一期和发情前二期。

(1)发情前一期　阴门肿胀、突起,露出阴毛外,阴道内流出具有特殊气味的分泌物,表现活跃。一般持续 2～3 天。有时长达 1 周左右。

(2)发情前二期　阴门极度肿胀,突起明显,肿胀面较平而光亮,触摸时硬而无弹性,母狐有痛感。阴道分泌物颜色浅淡。当公、母狐放到一起时,常与公狐戏耍,当公狐企图交配时,又表现拒绝并防卫。此期一般持续 1～2 天。

(3)发情期　阴门肿胀程度减轻,肿胀面不像发情前期那样光亮,直观看有粗糙感,触摸时稍柔软而有弹性,母狐无痛感,颜色较前期发淡。阴道内流出较为黏稠的白色分泌物。食欲减退,甚至废食 1～2 天,部分狐出现体重下降。此期把母狐放到公狐笼内,母狐表现较为兴奋而安静,当公狐走近时把尾翘向一侧接受交配。此期为最适交配期,可持续 2～3 天。

(4)发情后期　阴门逐渐萎缩,对公狐表现出戒备状态,拒绝交配。

(5)乏情期　阴门由阴毛所覆盖,阴裂很小。

2. 试情法　将公、母狐合笼,根据母狐对公狐在性欲上的反应情况来判断其发情程度。此法可靠,表现明显,易于掌握。选择体质健壮、性欲旺盛,无扑咬母狐恶癖的公狐作试情公狐。

试情时,将公狐放入母狐笼内,当发现母狐有嗅闻公狐阴部、翘尾、频频排尿有接受公狐爬跨现象时,即可认为母狐已进入发情阶段。若公、母狐互相攻击或有敌对情绪时要立即分开,以免致伤。试情可视母狐发情行为随时进行,每次 20～30 分钟,最好不要超过 1 小时。

采用试情法进行发情鉴定可以避免错过安静发情和短促发情。有些母狐进入发情阶段,外观上缺乏发情表现,但其卵巢的卵泡仍发育成熟而排卵,这种现象称为安静发情。另一种为短促发情,即发情期非常短,还没有出现明显的感官特征就进入发情后期。另外,试情也可刺激异性,达到促进发情的目的。

3. 阴道内容物涂片检查法　这种方法是用灭菌棉球蘸取母狐的阴道内容物,制成涂片,在显微镜下放大 200～400 倍观察,根据阴道内容物中白细胞、有核角化上皮细胞和无核角化上皮细胞所占比例的变化情况,来判断母狐是否发情。

(1)乏情期　阴道内容物涂片可见到白细胞,很少有角化细胞。

(2)发情前期　阴道内容物涂片上可观察到有核角化细胞不断增多,最后可见到有大量的有核角化细胞和无核角化细胞分布。

(3)发情期　阴道内容物涂片上可见到大量的无核角化细胞和少量的有核角化细胞。

(4)发情后期　阴道内容物涂片上又出现了白细胞和较多的有核角化细胞。

这种方法主要应用于人工授精中,自然交配的狐场很少用此种方法。

4. 测情器法　目前,在养狐业较为发达的芬兰等北欧国家和美国、加拿大应用较多,特别是在一些以人工授精为主的养狐场,应用广泛,国内也有应用,特别是引进芬兰狐后,这种方法已成为判定输精时间的重要手段。

此法是利用测情器测试母狐的排卵期,从而确定最佳适配时间。将试情器探头插入母狐阴道内,读取试情器所显示的数值,根据每次测定的数据记录,确定母狐的排卵期。

使用测情器时,要及时清洗、消毒探头,防止交叉感染及疾病传播。另外,操作人员必须动作迅速,读数准确。

一般情况下,临近发情期时,开始每日测定 1 次,当数值上升缓慢时可每日测定 2 次。当试情器读数持续上升至峰值,而后又开始明显下降时,即为最佳交配或人工输精时间。一般测定时间为每日的同一时间。试情器的使用应与外阴部观察法同时进行。

(二)配　种

1. 自然交配

(1)性行为　进入繁殖季节,公、母狐可通过声音和气味聚集到一起,这是野生状态下过独居生活的狐,在繁殖季节所表现出来的现象。人工养殖状态下的繁殖季节,狐场气味变浓,并且在夜间"嗷嗷"的鸣叫,且叫声频繁。

①求偶　这是公、母狐交配前必经过程。有的狐求偶时间较长,有的时间很短即可达成交配。发情的公、母狐放进同一笼后开始相互嗅闻阴部,在笼内走动,公、母狐用前肢互推或嬉戏性咬逗,若母狐表现温驯、翘尾静立,公狐也有爬跨行为,即可交配。

②交配　公狐将前肢搭在母狐背上进行爬跨,此时阴茎勃起而突出到包皮外,臀部不时地颤动,进行"插入"动作,当出现公狐臀部急促抖动、呼吸加快、然后眯起眼睛时,交配基本成功。此时,公狐在母狐背上稍加停留后,就滑下,转身,出现"连锁"现象,公狐的阴茎仍滞留在母狐阴道内。公、母狐还需经过几分钟或十几分钟的相互挣扎之后,方可平静下来。"连锁"少则几分钟,长则可达 2 个多小时,但一般为 20~30 分钟。据统计,"连锁"时间的长短

与受胎率、产仔数无相关关系。

③交配结束 当公、母狐分开后,公狐由于疲劳通常安静地卧在一旁,不断地用舌舔仍未完全缩回包皮内的阴茎或静静地饮水。这时母狐表现出特有的兴奋,在公狐旁边前肢匍匐,蹦来蹦去,摆头晃尾。

自然交配又可分为合笼饲养和人工放对交配2种。

国外有些养狐场采用合笼饲养交配法,国内很少采用。合笼饲养交配是指在配种季节内,将选好的公、母狐放进同一笼饲养,任其自由交配。这种方法可节省人力,工作量小,但是要求公狐数量大,不易推断预产期。

国内饲养场基本采用人工放对交配法。平时公、母狐隔离饲养,在母狐发情期间将母狐放到公狐笼内进行交配,这样比较容易成功。交配结束后再将公、母狐分开。

实践证明,早晨、傍晚和凉爽天气公狐较活跃,是放对配种的好时机。中午和气温高的天气,狐则表现懒惰,交配不易成功。

一般情况下,母狐排卵比有明显的发情征兆要晚,卵细胞的成熟并排出可持续3天。所以,采用复配方式来提高母狐受胎率。复配次数不宜过多,以1～2次为宜。复配可提高受胎率,避免空怀。初配后第二天复配或连续2天复配受胎率均很高(表2-8)。商品狐生产场可采用2只公狐各交配1次的方法进行复配。

表2-8 不同交配方式对母狐繁殖力的影响

配种次数及方式	产胎率(%)	胎平均产仔数(只)
1 次	68.5	4.66
2 次(不间隔)	96.2	4.65
2 次(隔1日)	95.8	4.68
3 次(不间隔)	96.5	4.68

公狐的配种次数个体间差异较大,采用自然交配方式配种的

狐场公、母狐比例为 1：2～3.5。

（2）精液品质检查　精液品质的好坏，直接影响到母狐的繁殖效果。检查方法是用尖端直径 0.5 厘米，长约 15 厘米的吸管轻轻插入刚交配完的母狐阴道内 5～7 厘米处，吸取少量精液，涂在载玻片上，置于 100～400 倍显微镜下观察。镜检时，先确定视野中有无精子，然后再观察精子活力、形状和密度。精子密度大，多数呈直线运动，形似蝌蚪，头尾清晰，说明精液品质正常。如果无精子，精子稀少，死精子多，大多数呈原地摆尾运动或畸形精子多时，则说明精液品质低劣，应及时更换公狐补配。对精液品质不好的种狐，可连续检查 3 次以后再决定是否淘汰。

精液品质检查应在室温 20℃以上的室内，载玻片温度 37℃条件下检查。吸取精液的吸嘴要严格消毒，防止感染。

（3）种公狐的训练与合理利用　种公狐尤其是青年种公狐，第一次交配比较困难，可把它们和有经验的公狐邻笼摆放，让其观看配种过程。也可把刚交配完的母狐放进公狐笼内，诱导其进行交配。对性欲旺盛、有交配动作的公狐，可选择发情好、性情温驯的母狐与其放对。对于那些发情不好的公狐，可通过与母狐合笼饲养，利用"异性刺激"促进发情。

种公狐的配种能力，个体间差异很大。一般公狐在整个配种期内最少交配 10 次以上，最多可达 25 次或更多。因此，在整个配种季节，种公狐的体质强弱，哪些在配种旺期使用，哪些在配种后期使用都应该心中有数。配种前期和中期，每日每头公狐可接受 1～2 次试情放对，1 次配种放对。公狐连续放对 5～7 天，应休息 1～2 天。配种后期，发情母狐减少，应挑选性欲强、没有恶癖的公狐，来完成晚期发情母狐的配种任务。中途性欲下降的，可加强饲养管理。一般过一段时间即可恢复正常性欲。个别公狐前 2 次交配精液品质较差，以后能逐渐正常，如果几次检查精液品质仍差者只能让其做试情公狐，禁止参加配种。

(4)配种期注意事项

①正确掌握母狐的受配时间　一般通过发情鉴定,大体可确定母狐的最佳交配时间。但是也有个别母狐隐性发情、短促发情。这些均需饲养人员精心饲养观察,适时放对,谨防失配空怀。

②人工辅助交配　在配种过程中,狐一般不需人工帮助即可自行完成交配过程。但有的母狐在接受公狐爬跨时,站立姿势不好、抬尾不适当,或阴门位置不正等,公狐爬跨时走动,这些狐不进行人工辅助就很难达成交配。可用抓狐钳或保定套将母狐保定住,必要时用手托住母狐的腹部,辅助公狐达成交配。一般初配成功后,复配就较容易进行。对阴道狭窄的母狐,可用不同直径的玻璃棒进行扩张。对外阴部阴毛覆盖而影响交配的,可把覆盖毛剪掉。

③狐的择偶性　有些公狐或母狐挑选与配的异性狐,发现择偶性强的狐要及时更换理想的异性狐。试情或配种时,如公、母狐有咬斗敌对现象,要及时分开,避免咬伤而影响配种。

④狐的捕捉与保定　狐的野性较强,捕捉较难。在配种季节捉狐次数较多,要求饲养人员掌握捕狐技巧,做到熟练、正确,防止人、狐受伤。

⑤保持狐场安静　配种期间一定要保持狐场环境安静,谢绝来人参观。

2. 人工授精　人工授精是用器械采取公狐精液,再用器械将精液输入到发情母狐的生殖道内,代替自然交配的一种方法。

狐狸人工授精技术具有如下优点:①有利于优良基因的迅速扩散。②减少种公狐的饲养数量,降低饲养成本(公、母狐比例,可降至1:20～100)。③用于银狐和蓝狐的种间杂交,生产优质狐皮。④增加自然交配困难的母狐受胎产仔机会。⑤减少生殖系统传染病的传播。

狐狸人工授精技术有较高的经济效益,在国外养狐业中得到迅速推广应用。1987 年,北欧有 32 万只狐狸人工授精;1988 年芬兰人工授精的母狐数量占本国种母狐数的 25%。现在芬兰大型狐场全部采用人工授精技术进行繁殖。我国 1988 年开展狐狸人工授精技术的研究,开发总结了一套适合国情的狐狸人工授精技术,目前正在国内推广应用。

狐的人工授精技术包括采精、精液品质检查、精液稀释保存和输精等 4 个方面。

(1)采 精

①采精前的准备 采精前准备好公狐保定架、集精杯、稀释液、显微镜、电刺激采精器以及水浴锅、冰箱、液氮罐等。采精室要清洁卫生,用紫外线灯照射 2～3 小时进行灭菌,室温保持在20℃～35℃。

②采精方法 采精方法可分为按摩采精法、电刺激采精法 2种。

按摩采精法:也称徒手采精法。采精时,首先将狐保定好,使其呈站立姿势。用温水洗过的毛巾擦狐的下腹部;然后,操作人员用手迅速而有规律地抖动睾丸部,也可附带用手指轻弹睾丸,促使阴茎勃起;随后捋开包皮,把阴茎转向后侧,用手握住阴茎球,用力而有规律地来回拉送,刺激排精;对银黑狐也可用大拇指或食指轻轻挤压龟头尖端部位,由另一只手无名指和掌心握住集精杯,接在阴茎龟头的下面。一般采取的第一滴多为副性腺液等,可弃掉,第二滴很可能是精液。徒手采精不需过多器械,较方便、简单。但是种狐要受过训练,对操作人员要求技术熟练,切忌急躁。

电刺激采精法:国内使用的采精仪一般都是对牛、羊的采精仪稍加改进,使用效果较好。保定和消毒法同上。把涂上润滑剂的采精仪探针插入直肠约 10 厘米处,另一根针头插入狐的3～4 腰椎处皮下,即可通电。电流强度为 0.05～1 安,给予短促刺激,当阴茎勃起后,接上集精杯,同时旋动采精仪的电压或电流强度旋钮,选择适宜电压或电流强度继续刺激,直至射精完毕。电刺激采精法可使每只处于发情期的公狐都能排出精液,但电刺激法对公狐有明显的不良刺激。

一般人工采精每日1次,连续2~3天可休息2天。也可根据狐的体况和精液品质灵活掌握。据统计,采精量一般银狐为1~1.5毫升,蓝狐为0.5~2毫升,密度每毫升精液中有5亿~7亿个,少数种狐精子密度可达每毫升13亿个。

(2)精液品质检查 检查项目主要有精液的外观检查、活力检查、密度检查、形态检查。

①外观检查 包括采精量、颜色、气味。按摩法采精量平均在0.5~0.6毫升,色泽呈乳白色,有腥气味。

②活力检查 用玻璃棒蘸一滴于载玻片上,盖上盖玻片,在35℃~37℃条件下,用显微镜观察精子运动情况,精子活力以直线前进运动精子的百分数作为10级评分标准,以0.1~1表示。

③密度检查 有血细胞计数板法和分光光度计法。计算每毫升精液中精子的个数。

④形态检查 将精液涂片,在400倍的显微镜下观察,按公式:

$$畸形率＝畸形精子数/观察精子总数$$

计算出精子畸形率,畸形率超过20%的精液,不宜输精用。

(3)精液的稀释 采精前,用无菌操作法配制好稀释液放入37℃恒温水浴锅里,采精后也将集精杯放入水浴锅中,进行精液品质检查,确定稀释倍数后,在等温下将稀释液倒入集精杯中,做1倍稀释,然后逐渐稀释到所需倍数。稀释液的参考配方见表2-9。

表 2-9 狐精液常温保存的稀释液配方

配　方　一	配　方　二	配　方　三
氨基乙酸 1.82 克	氨基乙酸 2.10 克	葡萄糖 6.8 克
柠檬酸钠 0.72 克	蛋黄 30 毫升	甘油 2.5 毫升
蛋黄 5.00 毫升	蒸馏水 70 毫升	蛋黄 0.5 毫升
蒸馏水 100.00 毫升	青霉素 1000 单位／毫升	蒸馏水 97.0 毫升

目前,狐狸人工授精都是用鲜精,也就是采精后立即稀释,然后输精。

(4)输　精

①输精前的准备工作　准备好输精器。输精针应每只母狐 1 个,需严格消毒,防止交叉感染。输精人员的手必须认真消毒,母狐外阴部也需用温肥皂水清洗。

②输精操作　先将保定好的母狐倒挂,用扩张管将阴道撑开,把输精针插入扩张管内,然后用一只手握输精针,另一只手把握子宫颈,将输精针轻轻送入子宫体内,再将精液通过注射器推入子宫体内。这种方法简单、方便,受胎率高。

③输精量与输精次数　输精量一般每次 0.5～1 毫升,内含有效精子数不应少于 0.5 亿个。输精次数一般为每日 1 次,连续 2 天。

(三)狐的妊娠、产仔和哺乳

1. 妊娠　银黑狐和北极狐的平均妊娠期为 51～52 天,前者变动范围是 50～61 天,后者为 48～58 天。据现场统计,妊娠期 51～53 天的占 85%,50～54 天的占 94%。妊娠期长短对繁殖力有一定影响。统计表明,50～55 天差异不显著;但是超过 57 天的,胎产仔数较低。

在妊娠后半期,胚胎发育特别快,妊娠 18～20 天时胚胎重为 0.04 克,30 天以前也只有 1 克重,而 35 天时达到 5 克,40 天时 10

克,48天时65～70克。妊娠后期母狐的乳房迅速发育。胚胎的早期死亡,一般发生在20～25天,妊娠35天后易发生流产。

妊娠母狐新陈代谢旺盛,食欲增加,消化能力提高。妊娠后期变得胆怯,对周围出现异物、异常声音、陌生人都极为敏感。

2. 产仔哺乳 狐产仔期依地区不同而有所差异。银黑狐多半在3月下旬至4月下旬产仔,北极狐在4月中旬至6月中旬产仔。所以,每年3月16日(银黑狐)或4月15日(北极狐)左右,应做好产前的准备工作,重点是产箱的消毒和絮草。消毒时可用2%苛性钠或5%碳酸氢钠,有条件的场可用火焰消毒笼网和小室箱。

母狐在产仔前几天开始拔掉乳房周围的毛,便于仔狐吮乳,并用拔下的毛絮窝。产仔前拒食1～2顿。产仔多半在夜间或清晨,产程需1～2小时,银黑狐胎平均产仔数为3～8只,北极狐则为8～12只。产仔6小时后,母狐开始采食,可以检查仔狐。健康仔狐,叫声尖、短促而有力,成团地卧在产箱内,大小均匀,发育良好,胎毛色深;弱仔则分散在产箱内,胎毛无光泽,身体潮湿而发凉,腹部松软,用手拿时四肢分开无力。

银黑狐初生重为80～130克,北极狐60～90克。初生狐闭眼,无听觉,无牙齿,身上胎毛稀疏,呈灰黑色。生后14～16天睁眼,并长出门齿和犬齿。18～19日龄时开始吃母狐叼入的饲料。

仔狐在生后20～25日龄内只吃母乳。在一般情况下,母狐产仔哺乳都比较正常,奶量充足,不需要人工护理、哺乳。以后随着仔狐不断生长,母乳已不能满足其营养需要,便开始采食。因此,要对仔狐进行采食训练增强采食能力。母狐的日粮由鲜肉、肝、奶、蛋等优质易消化饲料配成,以便仔狐采食。

三、提高狐繁殖力的主要技术措施

影响狐繁殖力的因素很多,可概括为遗传、营养、环境和管理几个方面。这些因素都是通过不同途径直接或间接地影响着公狐的精液品质、配种能力、母狐的正常发情、排卵数和胚胎的发育,最终影响到繁殖性能。针对这些因素,采取相应技术措施,来提高狐的繁殖力。

(一)培育优良种群

通过逐年逐代选择,培育繁殖力高的种群。对一些体质差、繁殖率低的个体,要严格淘汰。

(二)加强饲养管理

狐的繁殖力与饲养水平密切相关。新鲜、全价、质高的饲料能使狐的繁殖力得以充分发挥。加强管理,发情、配种、妊娠、产仔和哺乳期间,切实预防一切应激因素(包括环境改变、噪声、异味、灯光等)的不良影响。

(三)提高公狐精液品质

优良品质的精液是保证狐繁殖力的重要条件。因此,对公狐的精心护理、调教则显得尤为重要。选择优良种公狐进行人工授精是提高繁殖力的重要途径。

(四)增加母狐排卵数和卵子受精能力

严格掌握狐的发情鉴定,保证交配质量,增加母狐的排卵、受精率。

(五)减少胚胎死亡和流产

由于影响因素较多,问题也比较复杂。生产中胚胎早期死亡、吸收的比率较高。因此,在繁殖期保持适宜的营养水平和加强管理,以防胚胎吸收和流产。

(六)预防疾病

通过及时检疫和采取接种疫苗等措施,可防止疾病的发生及流行。

第五节 狐的育种

一、狐的选种标准

(一)银黑狐毛绒品质

针、绒毛长度正常,即针毛长 50～70 毫米,绒毛 20～40 毫米,密度以稠密为宜。毛有弹性,无缠结,针毛细度为 50～80 微米,绒毛细度 20～30 微米。

(二)北极狐毛绒品质

毛绒浅蓝色,针毛平齐,长度 4 厘米左右,细度 54～55 微米;绒毛色正,长度 2.5 厘米左右,密度适中,不宜带褐色或白色,蓝色强度大,尾部毛绒颜色与全身毛色一致,没有褐斑,毛绒密度大,有弹性,绒毛无缠结。

(三)狐的体型鉴定

一般采用目测和称重相结合的方式进行。种狐的体重,银黑狐 5～6 千克,体长公狐 68 厘米以上,母狐 65 厘米以上;北极狐公狐大于 7.5 千克,母狐大于 6.7 千克;体长公狐大于 70 厘米,母狐大于 65 厘米。

(四)成年公狐选种标准

睾丸发育良好,交配早,性欲旺盛,配种能力强,性情温驯,无恶癖,择偶性不强。配种次数 8～10 次,精液品质良好,受配母狐产仔率高,胎产多,年龄 2～5 岁。

(五)成年母狐选种标准

发情早,不迟于 3 月中旬,性情温驯;产仔多,银黑狐 4 只以上,北极狐 7 只以上;母性强,泌乳能力好。凡是生殖器官畸形、发情晚、母性不强、缺奶、食欲不好、自咬或患慢性胃肠炎或其他慢性疾病的母狐,一律不能留作种用。

(六)幼狐选种标准

当年留种的幼狐应选双亲健壮、胎产银黑狐 4 只以上、北极狐 7 只以上者;银黑狐在 4 月 20 日以前,北极狐在 5 月 25 日以前出生的发育正常的幼狐留作种用。

二、选种技术

要做好选种工作,必须有明确的育种目标,即通过选种达到什么目的,解决什么问题等。总而言之,狐的选种不外乎达到体型大、毛皮质量好、适应性强、繁殖性能好的优良狐群。在总目标下,还可以拟定具体指标、如外貌特征、毛色、毛绒品质、生长发育(包括出生重、断奶重、和成年重)等。

(一)选择方法

1. 个体表型选择　根据个体本身的表型成绩进行选择称为个体选择。从大群中选出一定数量的优秀个体,组成种狐群来提高群体的性能,使下一代的毛绒品质、体型和繁殖性能有所提高。个体选择只是考虑个体本身选育性状表型值的高低,而不考虑该个体与其他个体的亲缘关系。这是在缺乏生产记录及其他资料时进行选择的方法,也是生产中应用最广泛、选择方法最简单的一种方法。

遗传力高的性状可以直接按表型值进行选择,标准差越大的群体选择效果越好。

2. 谱系选择　谱系选择是根据种狐祖先的成绩来判断其遗传品质的优劣。因为它是祖先的记录资料,所以当育成幼狐的部分性状还不能反映出来时就可做出结论,此种选择方法是幼狐引种时采用的主要选种方法。

生产实践中一般是根据本身成绩结合祖先的成绩确定是否留作种用。系谱资料是选种的重要信息来源,而公、母狐的选配对子代更有决定作用。

3. 同胞测定 同胞测定是根据同胞的成绩,估测种狐的育种值。狐是多胎动物,生产中常采用被屠宰同胞毛皮质量的结果,判断种狐的种用价值。

4. 后裔测定 后裔测定是根据每只公狐后裔的水平来判断公狐的价值,这是估测育种值的最好方法,因为选留种狐的目的,就是要它生产优良后代,后代优秀也可证明选种正确。

对于遗传力低的性状,用后裔测定可以加快遗传进展。后裔测定不足之处是需要时间太长。

(二)选择时间

狐场每年要进行 3 次选择,即初选、复选和终选。

1. 初选 5～6 月份对成年狐根据选种标准进行初选。当年幼狐在断奶时(40 日龄),根据同窝仔狐数及生长发育情况、出生早晚进行初选。在初选,凡是符合选种条件的成年狐全部留种,幼狐应比计划数多留 30%。

2. 复选 9～10 月份根据脱毛、换毛、生长发育、体况恢复情况,在初选的基础上进行复选。这时要多留 25%左右,为终选打基础。

3. 终选 在 11 月份取皮之前,根据被毛品质和半年来的实际观察记录进行严格选种。具体要求是银黑狐全身呈现鲜艳的乌鸦黑色,银毛率 75%以上,银色强度大,但银环宽度不超过 1.5 厘米,在背脊上有黑带。绒毛呈深灰色、稠密,针毛完全覆盖绒毛。尾为宽的圆柱形,尾端纯白,长度大于 8 厘米。

北极狐针毛和绒毛呈浅蓝色,无褐色和杂毛,蓝色强度大,针毛稠密而有光泽,绒毛不缠结。12 月份体重应达到种狐标准。体型小或畸形者,银黑狐 5 年以上,北极狐 6 年以上的不宜留种。营养不良、经常患病、食欲不振、换毛推迟者也要淘汰。

引种应在 11 月中旬以前进行,引种太晚将对翌年的繁殖带来很大影响。

三、选配技术

选配是选种工作的继续,以巩固和提高双亲的优良品质,有目的、有计划地培育新的有益性状,达到获得理想后代的目的。选配通常从双亲主要性状的品质和血缘关系、年龄等几方面考虑。

(一)同质选配

是选择优点相同的公、母狐交配,目的在于巩固并发展这些优良品质。同质选配时,在主要性状上,公狐的表型值不能低于母狐的表型值。公狐的毛绒品质,特别是毛色一定优于母狐,毛绒品质差的公狐不能与毛绒品质好的母狐交配。

(二)异质选配

是选择主要性状上互不相同的公、母狐交配,目的在于以一方的优点纠正或补充另一方的缺点或不足,或结合双亲的优点培育出新品种或品系。

种狐年龄对选配效果有一定的影响。一般2～4岁种狐遗传性能稳定,生产效果也好。通常以幼年公狐配成年母狐或成公配幼母、成公配成母生产效果较好。

大型养狐场在配种前应编制出选种计划,并建立育种核心群。小型场或专业户,每3～4年应调换种狐1次,以更新血缘关系。

近交对遗传力较低的形状有不良影响。一些有害的隐性基因,因近交而达到纯合,从而生长发育受阻,出现生活力下降等现象。因此,在生产中要避免近交。但是要培育新品种,则必须进行近交,使基因的纯合性增加,将优良性状相对稳定下来。

第六节 狐场建设

一、选场条件

(一)有良好的饲料来源

饲料的来源如何,是建场定点的最基本条件,如果饲料问题不能解决,即使其他条件再好,也将一事无成。因此,选场时先要考虑饲料来源,其中主要是动物性饲料来源。每饲养 100 只种狐,1年需要 22~25 吨动物性饲料。养狐场最好建在产鱼区或畜禽屠宰场、肉联厂附近。

(二)地形地势

场址选在地势较高、地面干燥、排水良好、背风向阳的地方。通常以南或东南山麓、能避开寒流侵袭和强风吹袭的平原、坡地及丘陵地较为理想。低洼、沼泽地带,地面泥泞、湿度过大、排水不利的地方,洪水常年泛滥地区,云雾弥漫的地区及风沙侵袭严重的地区都不宜建场。

(三)水 源

场内用水量很大,因此场址应选在具有充足良好地下水源的地方。死水、池塘水不能供狐饮用。

(四)防疫条件

养狐场不应与畜禽饲养场靠近,据居民区至少有 500 米,以免发生相互传染。凡是流行过传染病的地区,应根据防疫要求规定,经检查符合卫生防疫的要求后方可建场。环境污染严重的地区不应建场。

(五)交通、电源

场址应具有便利的交通、电源条件,以保证调运饲料和各种物资器材。

建场应尽量不占耕地,最好利用贫瘠土地或非耕地。用地面积应与狐群数量及今后发展需要相适应。土质以沙土、砂壤土为宜。

二、狐场的建筑和设备

建场时,应本着自力更生、勤俭建场、因地制宜、就地取材的原则,充分合理利用本地资源。动工前对养狐场各建筑设备进行全面规划和设计,场内各种建筑布局要合理。养狐场主要建筑和设备包括狐棚、笼舍、产箱、饲料加工室、冷冻设备、毛皮加工室和围墙等。

(一)狐 棚

狐棚是安放笼箱的简易建筑,有遮挡雨雪及烈日暴晒的作用。结构简单,只需棚柱、棚梁和棚顶,不需要建造四壁。可用砖瓦、竹苇或钢筋水泥制作。修建时应根据当地情况,就地取材,因料设计。狐棚既符合狐生物学特性,又坚固耐用,操作方便。

狐棚的方向是东北到西南走向,夏天能遮挡直射阳光,冬天能获得长时间的温暖光照。一般长 50～100 米,宽 4～5 米(两排笼舍)和 8～10 米(4 排笼舍),脊高 2.2～2.5 米,檐高 1.3～1.5 米为宜。

国外狐棚结构与我国不同,以养狐业发达的国家芬兰为例,芬兰狐棚人行走道兼饲喂车通行的台面都是架空设计,即使地面平坦,也要架高 1 米以上,以利于加强通风防暑,防治寄生虫病发生;有充足的空间在笼下堆积粪便,因为芬兰养狐场每年只清理 2 次笼底下的粪便。种狐棚的洞口处均用木板封闭,棚檐伸出笼边的距离较短(30 厘米),以增加笼内的光照强度。栋口门高 1.8 米,宽 1.4 米;棚宽 4.2 米,高 2 米;过道宽 1.4 米,距地面高 1 米。皮用狐棚舍,栋口一般不封闭,棚檐伸出笼网前端较种狐笼舍长(50厘米),以防阳光直射,影响毛皮质量。

(二)笼　舍

笼舍是狐的活动、采食、排粪和繁殖的场所,多用铁丝编制。只要符合卫生条件,坚固耐用,饲养管理方便的任何笼舍均可采用。

狐笼可用 14～16 号铁丝或利用工业废品的边角料等编制合成。网眼规格底为 3 厘米×3 厘米,顶部及四周网眼为 3 厘米×3.5 厘米。

种狐笼规格长×宽×高为 100 厘米×70 厘米×60 厘米的网片制成,将其安装在牢固的支架上(支架可用铁管、木框、三角铁或用砖砌成的底座均可),笼底距地面 50～60 厘米。在笼正门一侧设门,规格为宽 40～50 厘米,高 60～70 厘米。

芬兰狐场的笼舍种、皮兽规格一致,长 1 米,宽 1.1 米,高 0.75 米;笼从顶部中央至前壁中央开成宽 0.5 米折成直角的笼门,可向上掀起;笼的两侧壁上距笼顶 0.3 米处安装两块宽 0.3 米的床网;可供狐爬上休息,以增加活动面积,又可供狐从床网上跳上跳下,使笼底网上的粪便被震落到地面上,具有自洁作用。笼门下方安放一张高 15 厘米的硬塑挡板或木板,与笼前壁呈 45°角,喂狐的饲料就放在挡板内。笼前壁两端安装自动饮水槽。笼的前上方成斜面装,这样便于观察和捕捉狐。

取皮狐笼舍规格可适当缩小,一般为 70 厘米×70 厘米×50 厘米。底用 14～16 号铁丝编制 3 厘米×3 厘米网片,上盖防雨雪石棉瓦即可。

如果 2 个以上的笼连接在一起(连接式笼舍),中间用双层网片或铁皮做隔壁。

(三)小　室

银黑狐小室略大于北极狐,规格为 75 厘米×60 厘米×50 厘米,小室内设走廊以防寒保温。北极狐小室规格为 60 厘米×50 厘米×45 厘米,在小室顶部设一活盖板,在对着笼的侧面留直径为 25 厘米出入口或 25 厘米×25 厘米方形,和笼连成一体。

俄罗斯式狐笼长 6 米,宽 1～1.5 米,前壁高 60～80 厘米,后壁高 80～100 厘米,顶部为木质盖,呈斜面,雨水不易漏入。这种栏舍,专供母狐配种和产仔使用。仔狐断奶分窝时,用隔板隔成 4 小间,每间长 1.5 米左右,第一间放养母狐,其余 3 间放养仔狐,每间养 1～2 只。栏舍的两端和后侧,用木板盖住,可以装卸。后墙的部分和顶盖的 1/3 用铁丝网代替木板,这样可保证在狐生长发育期有充足阳光。养皮兽时,可把后墙和顶盖关严,使栏舍内光线强度减弱。

也有把母狐栏舍做得较小,长 3 米,宽 1.2 米,仔狐分窝时只分隔成两间,四壁全为铁丝网。把狐的栏舍分成两排放于棚内。

公狐笼舍的形式与母狐相同,高 1～1.2 米,舍顶和墙壁都装有能拆卸的木板,以便配种时取下木板,在外面观察狐的配种情况。狐笼用 2～2.5 毫米粗的铁丝编制网,笼底网眼 2.5 厘米×2.5 厘米,四壁及顶部的网眼为 3 厘米×3 厘米。

母狐产箱长为 100～120 厘米,宽 60～80 厘米,产箱内间隔分成巢室和前廊两部分,巢室长 65 厘米,宽 65 厘米,前廊的规格长 65 厘米,宽 45 厘米。巢窝的高度为 30～35 厘米,小室一边高 55～60 厘米,另一边高 65～70 厘米,使小室顶盖稍微倾斜不漏水。有的窝箱不间隔。芬兰养狐场的产箱长仅 40 厘米,高 40 厘米,宽 60 厘米;门宽 20 厘米,高 23 厘米,门内是 20 厘米宽的小走廊,产仔小室只有 40 厘米见方的空间。他们认为,狐产箱不宜做得太大,产箱越大,反而产仔保活效果不佳。

产仔箱在母狐产仔前送到笼内贴前壁的笼底上,分窝时取出清洗干净,再放在笼顶上备用。

复习思考题

1. 目前人工饲养狐主要有哪些品种?

2. 怎样对母狐做发情鉴定？
3. 狐的妊娠期饲养管理技术有哪些？
4. 狐产仔哺乳期如何饲养？

第三章　貉

第一节　貉的生物学特性

一、分　类

貉为食肉目,犬科,貉属动物,主要分布于中国、俄罗斯、蒙古、朝鲜、日本、越南、芬兰、丹麦等国家。貉在我国的分布很广,几乎遍及全国各省、自治区。习惯上常以长江为界,分为南貉和北貉。分布于长江以北各省、自治区的貉统称为北貉,其特点是体型大,毛长色深,底绒丰厚,品质优良;分布于长江以南各省、自治区的貉统称为南貉,其体型较小,毛绒稀疏,但具有针绒平齐、色泽光润、艳丽的特点。

二、形　态

貉体形似狐,但较肥胖、短粗,尾短,四肢短且细,被毛长而蓬松,底绒丰厚。趾行性,以趾着地。前足有5趾,其中第一趾较短,不着地;后足有4趾,缺第一趾。前、后足均具有发达的趾垫。爪粗短,不能伸缩。被毛为青灰色或青黄色。吻短尖,面颊横生淡色长毛。由眼周至下颈生有黑褐色被毛,呈明显的"八"字形,并经喉部、前胸连至前肢。沿背脊中央的针毛多具黑色毛尖,不同程度地形成一条界限不清的黑色纵纹,向后延伸至尾背面,尾末端愈深。背部毛色较深,呈青灰色;近腹部体侧被毛呈灰黄色或棕黄色;腹部毛色最浅,呈灰白或黄白色;四肢毛色较深,呈黑色或黑褐色。

成年公貉体重5.4～10千克,体长58～67厘米,体高28～38

厘米,尾长 15～23 厘米;成年母貉体重 5.3～9.5 千克,体长 57～65 厘米,体高 25～35 厘米,尾长 11～20 厘米。

三、习 性

貉在野生状态下主要生活在平原、丘陵及部分山地。常栖息于靠近河川、溪流、湖沼附近的丛林和荒草地带。貉喜穴居,常利用天然的石缝、树洞和其他动物废弃的洞穴为巢。貉的生活习性主要有以下几个特点。

(一)集 群 性

貉通常成对穴居,一洞 1 公 1 母,也有 1 公多母或 1 母多公的。邻穴的双亲和仔貉通常在一起玩耍嬉戏,母貉不分彼此,相互代乳。在人工饲养条件下,可利用这一特性,将断奶后的幼貉按 10～20 只 1 群,集群圈养。

(二)夜 行 性

貉一般白天在洞中睡觉,傍晚或拂晓前出来活动觅食。人工饲养貉则全天都可以活动,基本上改变了昼伏夜出的习惯。家养貉的活动范围较小,多在笼中进行直线往返运动。性情迟钝、温驯,有人接近时,有多疑或胆怯的表现。

(三)定点排粪

貉绝大多数都将粪便排泄到固定地点。野生状态时多排在洞口附近,日久积累成堆。人工饲养条件下,多排在笼圈舍的一角,也有往食盒、水盒或窝箱中便溺的。

(四)冬 休 性

貉在野生状态下,为躲避冬季的严寒和饲料的奇缺,需深居于洞穴中,貉通过入秋以来所蓄积的皮下脂肪,来维持自身的维持需要,形成非持续性的冬眠,并表现为不食或少食,减少活动,呈昏睡状态,所以称之为半冬眠或冬休。在人工饲养条件下,由于食物充足及人为的干扰,冬休不十分明显,但大都活动减少,食欲减退。

在东北地区养貉,可由日喂 2 次改为日喂 1 次,或根据貉的具体情况 2~3 天喂 1 次。

(五)杂食性

貉在自然状态下,以鱼、蛙、鼠、鸟及野兽和家畜的尸体、粪便为食,也可采食浆果、植物籽实及根、茎、叶等。人工饲养貉的主要食物有鱼、肉、蛋、奶、血及牲畜内脏、谷物、糠麸、饼粕和蔬菜等。

貉每年换毛 1 次,春季脱冬毛长夏毛,秋、冬季夏毛长成冬毛。

四、品 种

衣川义雄(1941)将我国的貉分为以下 7 个亚种。

(一)乌苏里貉

产于东北地区的大小兴安岭、长白山、三江平原等地。

(二)朝 鲜 貉

产于黑龙江省、吉林省、辽宁省的南部地区。

(三)阿穆尔貉

产于东北北部的黑龙江省沿岸、吉林省东北部等地带。

(四)江 西 貉

产于我国江西省及其邻近各省。

(五)闽 越 貉

产于我国江苏、浙江、福建、湖南、四川、陕西、安徽、江西等省。

(六)湖 北 貉

产于湖北、四川等省。

(七)云 南 貉

产于云南及其邻近各省、自治区。

第二节 貉的营养需要及日粮配合

一、饲料的种类及利用

(一)饲料的种类

参见狐饲料的种类。

(二)饲料的营养作用

参见狐饲料的营养作用。

二、饲料的加工与调制

(一)饲料加工

参见狐饲料的加工。

(二)饲料调制

参见狐饲料的调制。

三、貉的营养需要

营养需要是指动物为了正常生存、生长、维持健康,在适宜的环境条件下,对各种营养物质的需要量。营养需要包括维持需要和生产需要。维持需要是指维持正常体温、呼吸、血液循环等正常生理功能。只有维持需要得到满足后,多余的营养物质才能用于生产需要。据报道,貉的热能需要每千克体重在春季约为188千焦,夏季约为251千焦,秋季约为150千焦,冬季约为130千焦。貉可消化营养物质的需要量见表3-1和表3-2。

表 3-1　成年貉饲养标准　（热能比）（单位：%）

饲养时期	总热能（千焦）	鱼肉类	熟制谷物	奶类	蔬菜	鱼肝油
7～11 月份	2717	30～35	53～58		10	2
12～1 月份	2383	35～40	50～55		6	4
配种期	2006	50～55	29～34	5	3	3
妊娠前期	2508	45	37	10	5	3
妊娠后期	2926	45	37	10	5	3
哺乳期	2717	45	38	10	4	3

表 3-2　成年貉饲养标准　（重量比）　（单位：%）

时　期	日　粮（克／日）	日粮组成（%）				
		鱼、肉类	内脏下杂	熟制谷物	蔬　菜	其　他
9～10 月份	487	20		60	20	
11～12 月份	375	30		60	10	
1 月份	375	30	10	60		
2 月份	375	20	12	60	5	
3 月份	412	20	12	60	5	3
4 月份	487	20	12	60	5	3
5～6 月份	487	30	12	60	5	3
7～8 月份	475	20	12	60	5	3

四、貉的日粮配合及典型配方

（一）拟定貉日粮的依据

1. 根据貉的消化生理特点拟定日粮　貉为杂食性动物，其日粮应动、植物饲料混合搭配饲喂。为提高消化率，块根类饲料应粉碎，熟制后饲喂。

2. 根据貉不同生物学时期的营养需要拟定日粮　根据其不同时期营养需要的特点，一般繁殖期比非繁殖期饲养标准高，但日粮营养要全价,适口性要强;换毛期及育成期能量需要较高,因此日粮中脂肪和碳水化合物含量要高些。

3. 根据当地的饲料条件因地制宜拟定日粮 在满足营养需要的基础上,根据当地的饲料资源,就地取材。以降低其饲养成本。

4. 根据饲料的营养成分及能量含量拟定日粮 根据饲料的营养成分及能量含量结合貉的营养需要拟定日粮,拟定出的日粮比较科学、合理。饲料品种间搭配合理,避免相互拮抗、营养成分互相破坏。

5. 日粮营养全价 饲料品种应多样化,搭配合理,互相补充,使日粮营养全价。饲喂时,应保持饲料品种的相对稳定,避免饲料的突然更换,使貉不适应,降低适口性。

(二)拟定日粮的方法

拟定日粮的方法有 2 种:重量配比法和热能配比法。

1. 重量配比法 根据不同生产时期的日粮总量和各种饲料所占的重量比,分别计算出每只貉每日所需的各种饲料量,再按只数制订出饲料单。若日粮中蛋白质的供给量不足或超出,应调整各种饲料的比例,使其符合饲养标准。如食盐、酵母、维生素类、骨粉等添加量,可以不计其重量比,单独列出。

2. 能量配比法 是根据貉的能量需要来计算的。一般是确定 1 份(即 418 千焦)能量中各种饲料所占的热能比例和相应的饲料重量,然后再按日粮总热量(即份数)计算出日粮中各种饲料的量,也应核算和调整蛋白质的供给量。对于食盐、酵母、维生素类等可另外添加不计算在内。

日粮的拟定应满足貉的营养需要,随着貉的生长需不断更改,以满足其营养需要。饲料单实施后,还应注意观察貉的食欲、适口性、消化、采食量等情况,根据具体情况再进行重新调整。典型饲料配方见表 3-3。

表 3-3 貉各饲养时期典型饲料配方

饲　料	繁殖期	哺乳期	育成期	冬毛生长期
基础饲料				
海杂鱼(%)	18	20	16	25
鱼粉(%)	—	—	8	—
肉类(%)	12	15	12	6
鸡蛋(%)	—	—		
肝脏(%)	—	6	10	6
鸡副产品(%)	12		6	9
家畜副产品(%)		12		
鲜奶(%)	—	2	—	
脂肪(%)	—	—	1	2
窝头(%)	55	52	58	58
酵母(%)	—	—	2	2
蔬菜(%)	9	12	9	12
水(%)	10	7	10	6
合　计	100	100	100	100
添加饲料(每只添加)				
食盐(克)	1	1	1	1
维生素 A(单位)	500	800	500	500
维生素 E(毫克)	25	25	20	20
维生素 B_1(毫克)	5	5	3	3
维生素 C(毫克)	25	25	20	20

第三节　貉的饲养管理

根据貉的不同生长发育特点和繁殖规律,可分为几个不同饲养时期(表 3-4)。

表 3-4　饲养时期的划分

类　别	月　份											
	10	11	12	1	2	3	4	5	6	7	8	9
公　貉	准备配种期				配种期			恢复期				
母　貉	准备配种期			配种期		妊娠期		泌乳期		恢复期		

一、准备配种期的饲养管理

貉的准备配种期一般为 10 月份至翌年 1 月份。秋分以后貉的生殖器官逐渐发育。母貉卵巢开始发育,公貉睾丸也逐渐增大,冬至以后,貉性器官发育更加迅速,到翌年 1 月末至 2 月初,公貉睾丸中已产生成熟的精子,母貉卵巢中也已形成成熟的卵泡。

(一)准备配种期的饲养

此期饲养的中心任务是为貉提供各种需要的营养物质,特别是有利于生殖器官生长发育所需的营养物质,以促进性器官的发育;同时,调整种貉体况,为顺利完成配种以及妊娠做准备。根据日光周期变化和生殖器官的发育情况,把此期分为前后 2 个时期进行饲养。

1. 准备配种前期的饲养　准备配种前期一般为 10～11 月份。应满足其对各种营养物质的需要,如补充性器官发育的营养物质,及供给冬毛生长所需的营养物质,并贮备足够的营养物质越冬。日粮中动物性饲料不应低于 30%,以食饱为原则,并相应增加脂肪的给量,提高其肥胖度,但注意不要浪费饲料;10 月份日喂2次,11月份日喂1次,供足饮水。至11月末时,种貉的体况应得到恢复,母貉应达到5.5千克以上,公貉应达6千克以上。

2. 准备配种后期的饲养 准备配种后期一般为12月份至翌年1月份。此期冬毛生长已结束,当年幼貉已生长发育为成貉。因此,饲养的主要任务是平衡营养,调整体况、促进生殖器官的发育。

进入准备配种后期,在饲料上应增加全价的动物性饲料,品种多样化,品质新鲜且易消化,同时在饲料中添加维生素。喂给适量的酵母、麦芽、维生素A及维生素E等对貉的生殖器官发育起促进作用。此外,从1月份开始每隔2~3日可少量补喂一些刺激发情的饲料,如葱、大蒜等。

貉的日粮12月份可日喂1次,翌年1月份开始应日喂2次。早饲日粮的40%,晚饲日粮的60%。

(二)准备配种期的管理

准备配种期的管理应注意以下几个方面。

1. 注意防寒保暖 从10月份开始应在小室中添加垫草,在北方寒冷地区,整个冬季都应保证小室中有充足的垫草,定期更换,保证干燥,保温。

2. 保持卫生 应保持笼舍和小室的卫生,并经常打扫。小室中的排粪和叼出的饲料,把小室底面和垫草弄潮湿污秽,容易引起疾病,并造成毛绒缠结。应彻底清除,并保持干燥、清洁。

3. 保证清洁充足的饮水 每日应饮水1次,并保证水盒有水,冬季可喂给清洁的碎冰或散雪。

4. 调整体况 准备配种后期的中心任务是调整体况。通过调整,使种貉达到理想的繁殖体况。一般理想的繁殖体况为:公貉体重6~7千克,母貉体重5.5~6千克。

调整体况的具体方法:对于过于肥胖的貉,应减少日粮中的脂肪含量,增加貉的运动量,或减少垫草适当增加寒冷刺激等方法降低其肥度,切不可在配种前大量减食;对于瘦貉,通过增加饲料量,增加日粮中的脂肪含量以及加强保温等方法增加其肥度。

5. 加强驯化 准备配种后期应对种貉加强驯化,饲养员逗引貉在笼中运动。这样,一方面能增强貉体质,另一方面使貉消除惊恐感,变得温驯,以提高繁殖力。

二、配种期的饲养管理

(一)配种期的饲养

配种期内应给公貉提供营养丰富、易消化、适口性强的优质饲料,以确保公貉的配种能持久和良好的精液品质。日粮除供给全价的蛋白质饲料外,维生素的添加也是十分必要的,每日每只维生素 A、维生素 D 各 2 000~2 500 单位、维生素 B_1 3~5 毫克、维生素 C 25 毫克、维生素 E 20~30 毫克,日喂 2 次,日粮为 500~600克。另外,公貉在中午应补饲,主要以鱼、肝、肉、奶、蛋为主。早晨放完对后,再给公貉补饲。喂食 30 分钟前后不能放对。

(二)配种期的管理

1. 制定科学的配种计划 发情鉴定准确,并适时放对配种。

2. 防止跑貉 由于放对时频繁捉貉,应检查笼舍,防止跑貉。

3. 保证饮水 公貉配种后,饮水量增加,应保证充足清洁的饮水。

4. 貉场保持安静 放对期间保持貉场安静,充分合理地利用种公貉。

5. 做好配种记录 配种结束的母貉应归入妊娠母貉群饲养。

6. 添加垫草,搞好卫生,预防疾病 要正确区分发情貉与病貉,由于配种期性冲动,食欲减退,要细心观察,对病貉要及时发现和治疗。

三、妊娠期的饲养管理

（一）妊娠期的饲养

妊娠期貉的营养需要是全年中最高,貉的机体发生复杂的生理变化,既要满足自身新陈代谢的维持需要,还要为体内的胎儿摄取足够的营养物质供其生长发育,以及为产后的哺乳积蓄营养。此期貉的饲养标准应高些,如果饲养不当,会造成胚胎吸收、死胎、烂胎、流产等妊娠中断现象,对生产产生不利影响。

在饲料方面,应营养全价,品种稳定,品质新鲜,适口性强,易消化吸收。饲料品种多样化且搭配合理,对变质或可疑的饲料坚决不能喂,以保证妊娠期的绝对安全。

喂量要适当,妊娠前期总热量不宜过高,随着妊娠天数的增加,逐渐提高营养水平。同时防止母貉过肥。

妊娠母貉的饲料应适当调稀些。可日喂2次,饲料根据母貉的体况及妊娠天数灵活掌握,分别对待。对于个别母貉食欲不佳,应单独喂养。

貉妊娠期维生素的添加是必不可少的,一般每日每只维生素A、维生素D各2 000～3 000单位、维生素 B_1 3～5毫克、维生素C 25毫克、维生素E 30毫克。

（二）妊娠期的管理

此期管理的中心任务是保持环境安静,保证胎儿正常发育。

1. 保持安静,谢绝外人参观　饲养人员动作要轻,禁止喧哗。饲养人员可在貉妊娠前期、中期多接近母貉,以使母貉逐步适应环境的干扰,至妊娠后期则应逐渐减少进入貉场的次数,并保持安静,有利于产仔保温。

2. 注意观察貉的饮食精神状态　要注意貉的食欲、消化、活动情况及精神状态等,发现问题及时采取措施解决。

3. 推算预产期　将貉的预产期记录在产箱上,以便做好母貉临产前的准备工作。

4. 准备产仔箱　在预产期前 2 周,应将产箱再次清理、消毒,并用柔软的垫草絮窝。垫草具有保温和有利于仔貉吸乳的双重作用,垫草应一次絮足,防止产后缺草。天气寒冷时,可用棉门帘、塑料盖严产仔箱。

5. 保证充足清洁的饮水　貉分娩后饮水量增加,供足饮水。

四、产仔哺乳期的饲养管理

(一)产仔泌乳期的饲养

此期的日粮在妊娠期日粮的基础上,适当添加奶类饲料,如鲜牛奶、羊奶及奶粉等,也可添加适量的豆浆。同时,补充一些蛋类饲料,如鸡蛋等。

饲料加工要精细,严禁喂腐败变质或未经检疫的饲料,严把质量关。饲量不应控制,让母貉、仔貉自由采食,以不剩食为准。此期饲料中维生素的添加是必不可少的,可按每头份成貉的饲料量添加,也可按 10 只左右的仔貉量(随着日龄变化也相应变化)相当于 1 个成貉量添加。随仔貉不断生长发育,采食量逐渐增加,至 45～60 日龄,可断奶分窝。

(二)产仔泌乳期的管理

此期管理重点是加强护理,特别是通过母貉护理仔貉,以确保仔貉成活。同时,采用各种技术措施,提高仔貉的成活率。

五、幼貉育成期的饲养管理

(一)幼貉育成期的饲养

幼貉断乳后前 2 个月是生长发育的关键时期,此期应加强营养,提供优质、全价、含能量较高的饲料,同时应注意钙、磷等矿物质饲料及维生素的补给,以促进幼貉骨骼和肌肉的迅速生长发育。

幼貉生长旺期,日粮中蛋白质的供给应保持在每日每只 50～

55 克,以后随生长发育速度的减慢,逐渐降低,但不能低于每日每只 30～40 克,并相应增加脂肪的给量。蛋白质不足或营养不全价,将严重影响幼貉的生长发育。

幼貉育成期每日喂 2～3 次。喂 3 次时,早、午、晚分别占全天日粮的 30%、20% 和 50%,让貂自由采食,能吃多少给多少,但以不剩食为准。

(二)幼貉育成期的管理

幼貉育成期正处于炎热的夏季,要注意防暑和防病,食具、饮水要讲究卫生,小室内粪便及残食要及时清理,以防放置时间长而发生腐败。断奶后的幼貉对饲料的消化功能还不健全,易患尿湿症,小室内应铺垫清洁干燥的垫草。注意笼舍的遮荫和通风,午后炎热时要轰赶幼貉运动,保证充足的饮水,以防中暑。

9～10 月份以后,幼貉已基本达到体成熟,与成貉相近,应进行选种工作。选种后的种用貉与皮用貉分开饲养。种用幼貉的饲养管理,同准备配种期成貉的饲养管理。

皮用貉的饲养主要是保证毛绒生长成熟的营养需要。为降低成本,饲养标准应稍低于种用貉。皮用貉可多利用一些含脂肪率高而又廉价易得的饲料(如痘猪肉等,但需高温蒸煮),这样既能提高其肥胖度,又能增加毛绒的光泽。

10 月初应在皮用貉的小室内铺垫草,以利于疏毛,同时注意笼舍的卫生,防止粪便、污物污染皮毛。饲养人员喂食和貉采食时,防止食物污染毛皮,发生缠结。

第四节 貉的繁殖

一、貉的繁殖特点

(一)性成熟

貉性成熟时间一般为8～10月龄,公貉较母貉稍提前,并依营养水平、遗传因素等条件的不同,个体间也有一定的差异。也有极个别的貉在8～10月龄时不能投入繁殖的。

(二)性周期

1. 公貉的性周期 公貉的睾丸在静止期时直径为5～10毫米,质地坚硬,附睾中无成熟的精子。阴囊贴于腹侧,布满被毛,对睾丸有保温作用,外表不明显。貉睾丸一般从秋分(9月下旬)开始逐渐发育,至11月下旬(小雪)直径可达16～18毫米,冬至(12月下旬)后发育速度加快,到翌年1月底至2月初直径可达25～30毫米,且质地松软,富有弹性。此时阴囊被毛稀疏,松弛下垂,外表明显,附睾中有成熟的精子。此时正值配种期开始,公貉开始有性欲表现,并可进行交配。整个配种期持续60～90天,这期间公貉始终有性欲要求。但在后1个月内性欲逐渐降低,性情暴躁,有时扑咬母貉,但与发情好、性情温驯的母貉也可达成交配。交配期结束后,公貉睾丸很快萎缩,至5月份又恢复到静止期大小,然后又开始新的周期。幼龄公貉的性器官随身体的生长而不断发育,至性成熟后,其年周期变化与成年貉相同。

2. 母貉的性周期 母貉性器官的生长发育与公貉相似,卵巢大致从秋分开始发育,至翌年1月底2月初卵巢内已形成发育成熟的滤泡和卵子。人工饲养条件下,发情时间由2月上旬至4月上旬,持续2个月。发情旺期集中在2月下旬至3月上旬,经产母貉发情较早,初产母貉略晚。受胎后的母貉,随即进入妊娠期及产仔期。失配及空怀母貉则又恢复到静止期。

貉是季节性单次发情的动物。一般每个繁殖期仅发情 1 次，即有 1 个发情周期。母貉发情周期大体分为 4 个阶段，即发情前期、发情期（发情持续期）、发情后期和休情期。

(1)发情前期　即从外生殖器官开始出现变化至母貉接受交配的时期。此期最少 4 天，最多达 25 天，一般 7～12 天，个体间差异较大。此时卵巢中滤泡逐渐发育，卵泡素的分泌逐渐增加，而引起生殖道充血。表现为外生殖器阴门扩大，露出毛外，逐渐红肿、外翻，皱褶减少，分泌物增多。放对试情时，母貉对公貉有好感，并互相追逐，玩耍嬉戏，但拒绝公貉爬跨和交配。

(2)发情期（发情持续期）　是指母貉性欲旺盛，能够连续接受交配的时期。一般是 1～4 天，个别母貉可达 10 天，通常多数为 2～3 天。此期卵巢滤泡已发育成熟，卵泡素分泌旺盛，引起生殖道高度充血，并刺激神经中枢产生性欲。此时阴门变成椭圆形，明显外翻，具有弹性，颜色变深，呈暗紫色，上部皱起，有黏稠的或凝乳样的阴道分泌物。放对试情时，母貉非常兴奋，主动接近公貉，当公貉欲爬跨时，母貉将尾歪向一侧，静候公貉交配。

(3)发情后期　是指母貉外生殖器逐渐由肿胀而萎缩所经历的一段时间。这段时间较短，仅 2～3 天，也有个别较长的，有的甚至达 10 天左右。此时成熟的卵子已排出或萎缩，卵泡素分泌减少或停止。生殖道充血减退，并且阴门逐渐缩小，直至恢复到平常状态。同时，母貉性欲急剧减退，对公貉怀有"恶意"，此时不能达成交配。

(4)休情期　即静止期，是指母貉发情后期结束至下一个发情周期开始的较长一段时间，一般为 8 个月。

(三)性 行 为

1. 交配动作　交配时，一般公貉比较主动，接近母貉时往往伸长颈部，去嗅闻母貉的外阴部。发情母貉则将尾部翘向一侧，静候公貉交配。这时公貉很快举前足爬跨到母貉背上,并且后肢频频抖动,将阴茎置于阴道内。同时,后躯紧贴于母貉臀部,抖动加快,紧接着后臀部内陷,两前肢紧抱母貉腰部,静停 0.5～1 分钟,尾根轻轻扇动,即为射精动作。射精后,母貉翻转身体,与公貉腹面相对,昵留一段时间。此时公、母貉一般相互逗吻、嬉戏,母貉发出"哼哼"的叫声。绝大多数的貉交配时均可观察到上述行为。但有个别看不到射精后公、母貉的昵留行为,甚至有个别公、母貉交配后出现类似狗交配后的长时间"连锁"现象。

2. 交配时间 貉的交配时间较短,交配前求偶的时间为 3～5分钟;交配射精时间为 0.5～1 分钟;昵留时间为 5～8 分钟。整个时间在 10 分钟以内的比较多见。

3. 交配能力 貉的交配能力主要取决于性欲强弱,其次是两性性行为的配合程度。公貉在整个配种期内均有性欲,一天内一般可配 1～2 次,每次交配最短间隔为 3～4 小时。性欲强的公貉整个配种期可交配 5～8 只母貉,总交配次数多达 15～23 次。一般正常情况下,1 只公貉可交配 3～4 只母貉,总交配次数为 8～12次。

4. 性和谐与抑制 一般母貉进入性欲期,即达到发情高潮阶段后,公、母均有求偶欲,相互间非常和谐,一般不发生咬斗现象。但个别公、母貉对配偶有挑选行为。不和谐的配偶之间互不理睬,甚至发生咬斗,虽已达到性欲期,但很难达到交配,如果更换配偶,则马上能够达到交配,这是择偶性的表现。在实践中,应将此种择偶性强的貉与未发情貉严格区分开来,以免造成失配。公、母貉因惊吓或被对方咬伤后,会暂时或长时间出现性抑制现象。公貉丧失配种能力,表现为惧怕或乱咬母貉;母貉虽已发情,但惧怕公貉接近并拒绝交配。配种时公、母貉之间性不和谐或性抑制容易导致母貉失配。

(四)妊 娠

貉的妊娠期为 54～65 天,平均为 60 天左右,母貉妊娠后变得温驯平静,食欲增强。受精后 25～30 天,胚胎发育至鸽卵大小,可从腹外摸到。妊娠 40 天后可见母貉腹部下垂,脊背凹陷,腹部毛绒竖立成纵列,行动迟缓。临产前母貉拔毛做窝,蜷缩在小室内不愿外出。

(五)产 仔

1. 产仔期 东北地区母貉产仔最早在 4 月上旬,最晚在 6 月中旬,主要集中在 4 月下旬至 5 月上旬。一般经产貉早,而初产貉较晚。另外,产仔时期还与地理纬度有关,一般纬度高的地区较纬度低的地区早些。

2. 产仔行为 母貉临产期表现多数食欲减退或拒食 1～2 顿。产仔多半在夜间进行,且将仔产在巢中,也有个别的在笼网或运动场上产仔。产仔后母貉将其仔叼入巢中。分娩时间持续 4～8 小时,个别也有 1～3 天的。一般每 10～15 分钟娩出 1 只仔貉。娩出后,母貉立即咬断脐带,吃掉胎衣和胎盘,并舔舐仔貉身体,直至产完方安心哺乳。个别的也有 2～3 天内分批娩出的。初生仔貉发出间歇的"吱吱"叫声。

3. 产仔能力 貉是多胎动物,每胎平均产仔 8 只左右,最多高达 19 只。一般初产貉产仔低于经产貉。

(六)哺乳母貉及仔貉的行为

一般母貉有 4～5 对乳头,并对称分布在腹下两侧。母貉在产前自行拔掉乳房周围的毛绒,使乳头显露出来。产仔母貉母性很好,一般安心哺育仔貉,很少走出小室。仔貉出生后 1～2 小时毛绒干后即可爬行,并找到乳头吮乳。仔貉吃过初乳后便开始沉睡,至醒来后再吮乳,每间隔 6～8 小时吮乳 1 次,吃后仍进入睡眠状态。因貉非常爱护仔貉,除夜深人静时出室吃食外,轻易不出小室活动。母貉产仔后,即使有人打开小室上盖,甚至用木棒驱赶,也不会弃仔貉而离开小室。但个别母貉，也有遗弃、践踏甚至咬食行为，这多是产仔母貉高度惊恐的结果。因此，在产仔期尽量避免惊扰产仔母貉。

母貉泌乳能力很强，仔貉生长发育也很迅速。一般5～20日龄长出牙齿，采食饲料，45～60日龄可断奶分窝，独立生活，5～6月龄即可达到体成熟。

哺乳期母貉与仔貉的关系十分密切，但随日龄的增加有很大变化。仔貉吃食前，母仔非常亲和。为便于仔貉吸乳，仔貉1月龄前母貉哺乳时多采用躺卧姿势，1月龄之后以站立姿势哺乳。初生仔貉吮乳时，母貉逐个舔舐仔貉的肛门，并吃掉它们的排泄物。仔貉不能自行采食前，排泄在小室内的粪便也由母貉吃掉，或将其叼至室外，使小室经常保持洁净。仔貉刚会采食时，母貉从笼中将食物叼至小室中喂给仔貉吃，直到仔貉能自行采食为止。至此，母貉不再为仔貉舔舐肛门和清理粪便。

仔貉45～60日龄后，母貉对仔貉表现淡漠，当仔貉吸奶时，母貉则四处走动，躲避仔貉，有的甚至恐吓或扑咬仔貉。这时母貉泌乳量减少，母乳不足，乳房萎缩，这是不愿给仔貉哺乳的结果。

个别母貉也有异常的母性行为，如玩弄仔貉、叼仔、咬仔、食仔、弃仔等。其原因多为受到突然的惊扰、缺奶或饮水不足所致。

二、貉的繁殖技术

貉的寿命为8～16年，可利用年限为7～10年。貉的繁殖适龄一般为公貉1～4年，母貉1～6年。

（一）配种技术

1. 配种期 貉的配种期是和母貉的发情时期相吻合的。东北地区一般为2月初至4月下旬，个别的也有在1月下旬开始。不同地区的配种时间稍有不同，一般高纬度地区略早些。

2. 发情鉴定 公貉发情从整体上看比母貉早些，也比较集中,从1月末至3月末均有配种能力。公貉发情时,睾丸膨大、下垂,具有弹性,如鸽卵大小。且公貉活泼好动,有时翘起一后肢斜着往笼网壁上排尿,也有时往食盆或盆架上排尿,经常发出"咕、咕"的求偶声。此外,通过触摸检查公貉睾丸也可判定公貉有无交配能力,睾丸膨大,质地松软且富有弹性,确已下降至阴囊中,表明已具有交配能力;睾丸太小,质地坚硬无弹性,或未下降到阴囊中(即隐睾),一般没有配种能力。

母貉发情一般略迟于公貉,多数是2月下旬至3月上旬,个别也有到4月末的。一般对母貉的发情鉴定常采用以下4种方法:性行为观察法、外生殖器官检查法、阴道分泌物涂片镜检法及放对试情法。

(1)性行为观察法 母貉进入发情前期,即表现出行动不安,往返运动加强,食欲减退,尿频;发情盛期时,精神极度兴奋,食欲进一步减退,直到废绝,不断发出急促的求偶叫声;至发情后期,行为逐渐恢复正常。

(2)外生殖器官检查法 主要是根据外生殖器的形态、颜色和分泌物的多少来判断母貉的发情程度。阴门开始显露和逐渐肿胀、外翻,颜色渐红,为开始发情阶段的表现,即发情前期。阴门高度肿胀、外翻,紫红色,呈"十"字或"Y"字形状,阴蒂暴露,分泌物多且黏稠,此为发情盛期的表现。而阴门收缩,肿胀消退,分泌物减少,黏膜干涩则为发情结束的表现。发情盛期是配种的最佳时期。也有个别的母貉从外生殖器官上没有上述的变化,但确已发情且能与公貉达成交配并受胎,此种现象称为隐性发情或隐蔽发情。在实践中应注意检查,并与未发情貉区分开,以免失配。

(3)阴道分泌物涂片镜检法 动物的发情和排卵,是受体内一系列生殖激素调节和控制的,是一种比较复杂的生理变化过程。与此同时,生殖激素还作用于生殖道,使其上皮增生,为交配做准备。因此,在发情周期中,随体内生殖激素水平的规律性变化,阴道分泌物中脱落的各种上皮细胞的数量和形态也呈规律性的变化。貉阴道分泌物中出现大量角化鳞状上皮细胞是母貉进入发情期的重要标志。通过显微镜检测阴道分泌物中角化鳞状上皮细胞的数量比例，结合外阴检查等发情鉴定方法，可提高母貉发情鉴定的准确性，而对鉴定隐性发情有重要意义。

阴道分泌物涂片的制作与检查方法是，用经过消毒的吸管，插入母貉阴道8～10厘米，吸取阴道分泌物，往清洁的载玻片上滴1滴，涂成薄层，阴干后于100倍显微镜下观察。可用血细胞计数器计数，以计算各种细胞的数量比例。

（4）放对试情法　放对试情是指用以上几种发情鉴定方法还不能确定母貉是否发情时所采用的一种方法。对于发情前期的母貉，有趋向异性的表现，但拒绝公貉爬跨交配；发情期的母貉，性欲旺盛，公貉爬跨时，后肢站立，尾翘起，迎合公貉交配；发情后期的母貉，性欲急剧减退，对公貉不理睬，甚至发生相互厮咬，不能达成交配。因此，放对试情能顺利达成交配，说明母貉正处于发情期。

以上4种方法应互相结合进行，根据实际情况，灵活运用。一般以外生殖器官检查为主，以放对试情为准。

3. 放对时间　貉的配种都在白天进行，应抓紧在早、晚比较凉爽的时候进行。此时公貉的精力较充沛，性欲旺盛，容易达成交配。随着天气的逐渐变暖，放对的最佳时间应该是清早。

4. 放对方法　貉的配种采用人工放对的方法。放对时，通常将母貉放入公貉的笼内，公貉熟悉其环境性欲不受抑制，可缩短交配时间，提高配种效率。但当遇到公貉性情急躁暴烈或母貉胆怯时，也可将公貉放入母貉笼内。

放对可分为试情性放对和交配性放对。试情性放对主要是来检验一下母貉的发情程度。若母貉未发情，则放对时间不宜过长，以免公、母貉之间因未达成交配而产生惊恐或敌意。交配性放对，是指通过检查已确认母貉已进入发情盛期，争取达成交配。因此，只要公、母貉比较和谐，就应坚持，直到完成交配。

5. 配种方式 貉是季节性 1 次发情的动物，1 年只发情 1 次，并自发性排卵。因此，采取连续复配的方式。即初配后，还要连续每日复配 1 次，母貉在整个配种期进行 3 次交配。这样，可提高产仔率，降低母貉空怀数。有时貉在上 1 次交配后，间隔 1～2 天才接受再次复配。对于择偶性强的母貉，可更换公貉进行双重交配或多重交配。

6. 精液品质检查 对公貉进行精液品质检查是必要的，以确保配种质量，防止因精液品质不佳或无精子而造成的母貉空怀。

精液品质检查应在 18℃～20℃ 的室内进行。方法是用玻璃棒或吸管插入刚配完的母貉阴道中 10 厘米处蘸取或吸取少量精液，滴在载玻片上，置于 200 倍显微镜下观察。玻璃棒或玻璃吸管必须消毒，其温度应与貉的阴道温度相近，以减少疾病传播和对阴道的刺激。首先观察确定有无精子，如有精子，再观察精子的形态、活力、密度等。精子状如蝌蚪，头尾清晰，大小均匀，无畸形（缺头、双头、缺尾、双尾等），数量多，呈直线前进运动即为正常。若镜检时无精子或精子很少，活力差，应更换公貉重配。对经多次检查确无精子或精液品质不佳的公貉，应停止配种。

7. 种公貉的训练与利用 由于公貉具有多偶性，一般 1 只公貉可配 3～4 只母貉。因此，提高公貉的配种能力，对顺利完成配种工作极为重要。

（1）早期配种训练 年幼的公貉，在第一次交配时比较困难，但一经达成交配，就能顺利地与其他母貉交配。因此，应加强对年幼种公貉的配种训练。训练年幼种公貉配种，应选择发情好、性情温驯或需复配的母貉与其交配，对于发情不好或母貉性情暴躁不能用来训练小公貉。在训练过程中，应保护好小公貉，防止被咬伤，以及人为恐吓和扑打；否则，种公貉一旦在配种过程丧失性欲要求，则很难正常配种。

（2）种公貉的合理利用　种公貉在配种期间其配种能力有很大的差异，一般公貉在一个配种期可完成 5～12 次配种，甚至高达 20 余次。因此，应合理、有计划地使用种公貉，以充分发挥其配种效率，并保持旺盛的性欲。在配种前期和中期，每日每只种公貉可接受 1～2 次试情放对和 1～2 次配种性放对，每日可成功交配 1～2 次。一般公貉连续 5～7 天每日达成 1 次交配后，必须休息 1～2 天方能再放对。随着配种的进行，发情母貉逐渐减少，公貉的配种能力也逐渐减弱，应选择配种能力强、无恶癖的种公貉去完成剩余母貉的配种工作。配种后期一般公貉性欲减退，性情也变得粗暴，有的甚至咬母貉或择偶性增强。对这样的公貉可少搭配母貉，以保持其配种能力，来解决那些难配的母貉。

（3）提高公貉的交配效率　根据公貉的配种特点，合理制定放对计划。对于性欲旺盛和性情急躁的公貉应优先放对。公貉每日的第一次交配应尽量顺利达成交配，以利于公貉再次与母貉交配。因此，要求选择的母貉应是发情较好的。

（4）其他影响　气温对公貉的性欲有直接的影响，气温升高，其性欲下降。因此，在配种期除在清早、傍晚或凉爽的天气进行的同时，还应将公貉放在棚舍的阴面饲养。公貉性欲旺盛时，可充分利用，尽可能多配。在配种期间应保持貉场的安静，以免公貉的性行为受到抑制。

8. 配种时的注意事项

（1）判断母貉是否真正受配　多数母貉在交配后很快翻转身体，面向公貉，不断发出叫声或呈现戏耍行为。若观察到上述现象，就可以肯定母貉受配了。但也有少数母貉交配后不翻转身体，也无叫声，只是臀部紧贴公貉后躯，这与公貉爬跨但没有交配成功的母貉不易区别。因此，要求饲养人员要注意观察，并注意公貉有无射精动作，来判断是否真正达成交配。若不能正确判断是否受配，则可采用显微镜检查母貉阴道内有无精子，加以验证。

（2）防止公貉或母貉被咬伤 母貉没有进入发情期，或虽进入发情期但由于公、母貉的择偶性较强时，放对后可能出现咬斗。公、母貉一旦被咬伤，很容易产生性抑制，再与其他貉放对也不易达成交配。若公貉的阴茎被咬伤，则失去了利用价值。因此，在放对时，饲养员应认真观察，发现双方咬斗时，应立即分开。

（3）采取辅助交配措施 个别母貉虽然发情正常，但交配时后肢不能站立或不抬尾，对配种造成困难，需人工辅助才能达成交配。辅助交配时，要选用性欲强且胆大温驯的公貉。对交配时不能站立的母貉，可将其头部抓住，臀部朝向公貉，待公貉爬跨并有抽动的插入动作时，用另一只手托起母貉腹部，调整母貉臀部位置。只要顺应公貉的交配动作。一般都能达成交配。对于不抬尾的母貉，可用细绳拴尾尖，固定在其背部，使阴门外露，交配后要及时将绳解下。

（二）接产技术

1. 产仔前的准备 母貉的妊娠期为 60 天，因此一般在产前 10 天应做好产箱的清理、消毒及垫草保温等工作。小室的消毒可用喷灯火焰灭菌，也可用 2% 的热碱水洗刷。所用垫草应柔软、不易碎、保温性强的山草、软稻草、软杂草等。垫草之前应放在阳光下照射杀菌。垫草的用量可根据气温条件灵活掌握，对于比较寒冷地区，在絮足垫草的同时，在产箱外加盖防寒塑料或棉门帘，以利于产箱的保温。垫草除具有保温作用外，还有利于仔貉抱团和吸奶，以及毛绒的梳理。因此，即使暖和天气，也应适当加垫草。垫草应在产仔前一次性絮足，以免母貉产后缺草再絮草时使母貉受惊扰。

2. 难产的处置 母貉难产的表现是：到分娩日期但迟迟不见仔貉娩出，母貉惊恐不安，频频出入小室，并常常回视腹部并有痛苦状，已见羊水流出，但长时间不见胎儿娩出；或胎儿嵌在生殖孔，久久娩不出来，均有难产的可能。发现难产并确认子宫颈口已开张,可以进行催产。方法是肌内注射缩宫素 2～3 毫升,或肌内注射脑垂体后叶素 0.2～0.5 毫升。如经 2～3 小时后仍不见胎儿娩出时,可进行人工助产。方法是先用消毒药液对外阴部进行消毒,然后用甘油润滑阴道,将胎儿拉出。如经催产和助产均不见效时,可根据情况进行剖宫取胎,以挽救母貉和胎儿。

3. 产后检查 产后检查采取听、看、检相结合的方法进行,是产仔保活的重要措施。听和看即是听仔貉的叫声,看母貉的吃食、粪便、乳头及活动情况。若仔貉很少嘶叫,但叫声洪亮,短促有力,母貉食欲越来越好,乳头红润饱满,活动正常,则说明仔貉健康,发育良好。检就是打开小室来直接检查仔貉的情况。首先将母貉引出小室,将小室门堵住后进行检查。健康的仔貉在窝内抱成一团,并且发育均匀,圆胖,肤色深黑,身体温暖,拿在手中挣扎有力。相反,若仔貉在窝内到处乱爬,毛绒潮湿,身体较凉,挣扎无力,则是不健康的表现。

检查时,饲养员最好戴上手套,或用小室内的垫草搓手后再去拿仔貉,以免手上带有异味引起母貉弃仔、食仔等。个别母貉会因检查而引起不安出现叼仔四处乱跑,此时应停止检查,并将母貉放回小室内,关闭小室门 0.5～1 小时,即可安定。

第一次检查应在产后 12～24 小时进行,以后的检查根据听、看的情况而定。由于母貉母性强,一般少检查为好。但若发现母貉不护理仔貉,仔貉嘶叫不停且叫声越来越弱时,必须及时检查,采取措施,以免造成损失。

4. 产后护理 仔貉通过母貉的护理,可提高仔貉的成活率。在哺乳期保证仔貉吃饱奶,是确保仔貉成活的关键。正常情况下母貉在产前都能将乳房周围的毛拔掉,若有未拔毛的则实行人工拔毛。当遇到母貉缺奶或无奶时,应及时将仔貉交给其他母貉代养。代养母貉应具备母性强、泌乳量足、产仔数量少,仔貉产仔日期和大小与被代养的仔貉相同或相近。

代养方法：首先将母貉捉或关在小室内，把被代养的仔貉涂上代养母貉的粪尿或垫草，然后将仔貉直接放入小室内或拉开小室门，让代养母貉将被代养的仔貉叼入室内。代养完成后要在远处观察一段时间，若母貉不接受被代养的仔貉，需要更换母貉重新代养。仔貉也可用产仔的母狗、母狐哺育。

在哺乳期间，应注意观察、测量仔貉的生长发育情况，进而判断母貉的奶量及质量的多少与好坏。当遇到母貉奶量少或乳汁质量不佳，而影响仔貉生长发育时，也应及时进行代养。

5. 仔貉补饲和断奶 仔貉生长发育很快，一般 20 日龄时开始爬出小室自行采食，此时可单独补给仔貉易消化的粥状饲料。如果仔貉不会吃饲料，也采用人工辅助喂食，以促进仔貉的生长发育。

40～60 日龄，大部分仔貉能独立采食和生活，应及时断奶。如同窝仔貉发育良好且均匀一致，可以采用一次性将母仔全部分开；如同窝仔貉多，发育不均匀，可将其中健壮的先分开，也可将其中的公仔貉先行分开，其余的留给母貉继续哺乳一段时间后，再陆续分窝。

三、提高貉繁殖力的主要技术措施

提高貉繁殖的主要技术措施：①选留优良种貉，貉群年龄结构要合理。生产实践证明 2～4 岁的母貉繁殖力最高。因此，在留种时，应充分考虑种貉群的年龄组成，应以经产适龄老貉为主，每年补充的繁殖幼貉在 40% 左右，不超过 50%。种貉的利用年限一般为 4～5 年。②准确掌握母貉发情期，适时配种，这是提高繁殖力的关键。母貉只有在发情期时才能产生并排出具备受精能力的卵子，与公貉的精子相遇受精的机会增多，进而提高受胎率和产仔率。③适时复配，保证复配次数，可以降低空怀率，提高产仔数。貉的卵泡成熟不同期，增加复配可诱导多次排卵，增加受精机会。

对于生产场来说,可提倡多公复配,增加复配次数,可以提高繁殖力。④营养平衡,保持貉良好的体况。根据貉不同时期的营养需要,制定饲料标准,使貉的体况保持中上等。较理想的繁殖体况应是1厘米体长重100~115克。北方寒冷地区其比值应高些,温暖地区应偏低些。⑤合理利用种貉,科学地掌握公貉适当的交配频度,保证营养,使其在最短的时间内恢复体力;同时,检查精液品质,保证配种质量。⑥加强种貉驯化为正常、顺利配种创造有利条件,能提高繁殖力。⑦加强日常饲养管理是提高繁殖力的基础和保障。

第五节　貉的选育

一、选种标准

(一)貉毛绒品质标准

针毛黑色,全身稠密,分布均匀平齐,白色极少或没有,长度80~90毫米;绒毛青灰色、稠密、平齐、长度50~60毫米。全身背腹毛色差异不大,光泽油亮。

(二)体重体长标准

初选(仔貉断奶时),公、母貉体重1 400克以上,体长40厘米以上;复选(幼貉5~6月龄),公貉体重5 000克以上,母貉体重4 500克以上;公貉体长62厘米以上,母貉体长55厘米以上;精选(11~12月份),公貉体重6 500~7 000克以上,母貉体重5 500~6 500克以上;公貉体长65厘米以上,母貉体长60厘米以上。

(三)繁殖力标准

成年种公貉睾丸发育良好,交配早,性欲旺盛,交配能力强;性情温和,无恶癖,择偶性不强;每年交配母貉5只以上,配种10次以上;精液品质好,受配母貉产仔率高,每胎产仔数多,生活力强;

年龄 2～5 岁。对交配晚,睾丸发育不好(单睾或隐睾),性情暴躁,有恶癖,择偶性强的公貉应淘汰。

对成年母貉应选择发情早(不迟于 3 月中旬),性情温驯,性行为好,胎产仔数多,初产不少于 5 只,经产不少于 6 只,母性好,泌乳能力强,仔貉成活率高,生长发育正常的留作种貉。凡是外生殖器畸形,发情晚,性行为不好,产仔过晚,母性不强,无乳或缺奶,仔貉死亡率高,胚胎吸收、流产、死胎、烂胎、难产,有恶癖的母貉必须淘汰。

当年幼貉应选择双亲繁殖力强,同窝仔数 5 只以上,生长发育正常,性情温驯,外生殖器官正常,母貉乳头多,5 月 10 日前出生的留种。

二、选种技术

对貉的选种工作,应坚持常年有计划、有重点进行,一般可分成 3 个阶段。

(一)初选阶段

在 5～6 月份进行。成年公貉配种结束后,根据其配种能力,精液品质及体况恢复情况,进行 1 次初选。成年母貉在断奶后,根据其繁殖、泌乳及母性情况进行 1 次初选。当年仔貉在断奶时,根据同窝仔貉数及生长发育情况进行 1 次初选。

(二)复选阶段

在 9～10 月份进行。根据貉的脱毛、换毛情况;幼貉的生长发育和成貉的体况恢复情况,在初选的基础上进行 1 次复选。这时选留数量要比计划留种数多 20％～25％,以便在精选时淘汰多余部分。

(三)精选阶段

在 11～12 月份进行。在复选的基础上淘汰那些不理想的个体,最后按计划落实选留数。

选留种貂时,公、母貂比例为 1：3 或 1：4,但貂群较小时,要适当多留一些公貂,以防因某些公貂配种能力不强而使繁殖工作受到影响。种貂群的组成应以成貂为主,不足部分由幼貂补充。成、幼貂比例以 7：3 或 1：1 为宜,这样有利于貂场的稳产高产。

三、选配技术

选配是选种的继续,是在选种的基础上为了获得优良后代而具体落实公、母貂配对的一种方法。

(一)选配原则

1. 毛绒品质　公貂的毛绒品质,特别是毛色,一定要优于或接近于母貂才能选配。毛绒品质差的公貂与毛绒品质好的母貂选配,效果不佳。

2. 体型　大型公貂与大型或中型母貂选配为宜。大型公貂与小型母貂或小型公貂与大型母貂不宜选配。

3. 繁殖力　公貂的繁殖力(以其本身的配种能力和子女繁殖能力来反映)要优于或接近母貂的繁殖力,方可选配。

4. 血缘　3 代以内无血缘关系的公、母貂均可选配。有时为了特殊的育种目的,如巩固有益性状、考察遗传力、培养新色型等也允许近亲选配,但在生产上必须尽量避免。

5. 年龄　原则上是成年公貂配成年母貂或当年母貂,当年公貂配当年母貂。

(二)选配方式

一般分同质选配和异质选配 2 种方式。

1. 同质选配　即在具有相同优良性状的公、母貂之间选配,以期在后代中巩固或提高双亲所具有的这种优良性状。这是培育遗传性能稳定、具有种用或育种价值的种貂所必须采取的选配方式,多用于纯种繁育和核心群的选配。

2. 异质选配　即选择有不同优良性状的公、母貂交配,以期在后代中获得同时具有双亲不同优良性状的个体;或选择同一性状有所差异的公、母貉进行交配,以期在后代中有所提高。这是改良貉群品质、提高生产性能、综合有益性状的有效选配方式。

貉的选配工作一般在 1 月底完成,并编制出选配计划。

四、白貉及白貉选育

(一)白貉及其特征

自然界中的貉历来都是青褐色,这种常见的普通色型在遗传上被称为野生型。1974 年黑龙江省哈尔滨动物园曾收购到 1 只罕见的雄性白貉(眼、吻均为淡粉红色),1980 年又在东北三省家养貉种群中陆续发现过眼睛黄褐色或蓝色、吻黑色或花白貉,这些有别于野生型毛色的特殊色型,称为突变型。中国农业科学院特产研究所利用这些宝贵的白貉突变种,经近 10 年的研究,培育成功了我国现有的白貉新色型。

我国现有的白貉新色型从表型上看又分为 2 种:一种是除眼圈、耳缘、鼻尖、爪和尾尖带有野生型貉的毛色外,身体其他部位的针毛、绒毛均为白色;另一种是身体所有部位的针毛、绒毛均为白色。两种白貉毛色均惹人喜爱,体型与普通貉差异不显著,在行为上较普通貉更加温驯。

(二)白貉毛色遗传特点

经大量研究表明,貉白色毛的遗传基因是显性基因(W),其对应的野生型遗传基因是隐性基因(w),但貉白色显性基因有纯合致死的作用,故所有白貉个体均为杂合体(Ww)。白貉与白貉、野生型貉选配的毛色分离情况如下:

1. 白　貉　　　×　　　白　貉

　　（Ww）　　　↓　　　（Ww）

　　（WW）＋（Ww）＋（ww）

　　致死白貉　　白貉　　野生型貉

2. 白　貉　　　×　　　野生型貉

　　（Ww）　　　↓　　　（ww）

　　（Ww）　　　＋　　　（ww）

　　白　貉　　　　　　　野生型貉

可见白貉与白貉间交配，后代仅有 1/2 的白貉，由于显性基因的纯合致死作用，还降低其繁殖力。白貉与野生貉交配，后代也分离 1/2 白貉，却避免了显性基因纯合致死的后果。

（三）白貉的选种选配

我国现在的白貉类型毛色已很稳定，即白毛部分无论针毛、绒毛全部为白色，无其他杂色（如针毛白而绒毛不白或部分不白；或身体的某一部分不白等）。故白貉选种应侧重于毛色、毛质和体型，尤其公貉更要精选。

白貉的选配宜采用白貉与野生型毛色貉交配，不宜在白貉间选配。白貉一般有针毛粗的缺点，选配的野生型貉其针毛最好短而密，以纠正白貉的缺点。

第六节　貉场建设

养貉场场址是直接影响生产效果及生产发展的重要因素之一。因此，选择场址应结合当地实际情况，经过认真勘察和科学规划，合理地选择场址。

一、场址选择

(一)饲养条件

饲料来源是建场应考虑的首要条件。每养 100 只种貉(公、母比例 1:3),群平均成活 5 只,全年最高饲养量近 500 只,1 年约需动物性饲料 10～12 吨,粮食类饲料 20～25 吨,蔬菜类饲料 10～15 吨。因而建场地点应是饲料来源广、容易获得及运输方便的地方。最好是渔业区、畜牧业区或靠近肉、鱼类加工厂等地方。

(二)自然条件

养貉场应建在高爽、向阳、通风、干燥、易排水的地方。水源必须充足、清洁,绝不能使用死水、臭水或被农药污染的水。

(三)环境条件

养貉场应选在靠近公路、河流等运输条件比较好的地方,但同时应保证环境安静。为了卫生防疫,养貉场应与畜牧场、养禽场和居民区保持 500～1 000 米的距离。养貉场的面积中应规划留出余地,以利于长远发展。

家庭养貉数量较少,可利用庭院或房前屋后的土地,但应保证冬季背风向阳,夏季阴凉防暑。

二、建筑与设备

貉场的建筑与设备,应本着因地制宜、因陋就简、就地取材、勤俭办场的原则,力求经济适用。

(一)棚 舍

貉的棚舍为遮挡雨雪和防止烈日暴晒的简易建筑。棚顶一般盖成"人"字形,一面坡的也可以。用角钢、木材、竹子、砖石等做支柱,上盖可加盖石棉瓦、油毡等。棚檐高 1.5～2 米,宽 2～4 米,长度视饲养量而定,两侧间距 3～4 米,以利于光照。

（二）笼　箱

是指貉的笼舍和小室。其规格式样较多，原则上以不影响貉正常活动、不影响貉的生长发育和繁殖并能防止貉逃跑为好。

1. 貉的笼舍　一般用钢筋或角钢制成骨架，然后固定铁丝网片，也可用砖砌成。笼底一般用 12 号铁丝网，网眼 3 厘米×3 厘米；四周可用 14 号铁丝网，网眼 2.5 厘米×2.5 厘米，笼和笼之间也可用砖墙。貉笼分种貉笼和皮貉笼 2 种，种貉笼舍稍大一些，一般为 90 厘米×70 厘米×70 厘米；皮貉笼稍小些，一般为 70 厘米×60 厘米×50 厘米。笼舍行距 1～1.5 米，间距 5～10 厘米为好。

2. 貉的小室　可用木材、竹子或砖制成。种貉小室一般为 60 厘米×50 厘米×40 厘米；皮用貉最好也备小室，一般为 40 厘米×40 厘米×35 厘米。在种貉的小室与网笼相通的出入口，必须设插门，以备产仔检查或捕捉时隔离用。出入口直径 20～25 厘米。小室出口下方要设高出小室底面 5 厘米的挡板，便于小室保温，并防止仔貉爬出。

（三）圈　舍

貉除可笼养外，也可圈养。圈舍的地面用砖或水泥铺成，以防貉挖洞逃跑。四壁可用砖石砌成，也可用铁皮或光滑的竹子围成，高度应在 1.2～1.5 米。养种貉的圈应备有小室，大小与笼养的种貉小室相同，小室既可安放在圈的里面，也可连在圈的外面，须高出地面 5 厘米。

（四）其他建筑与设备

大型的养貉场还应具备饲料加工室、贮藏室、毛皮加工室、警卫室、兽医室、仓库及休息室等建筑。

每个笼舍内都要备有饮水和喂食工具。场内应备有捕貉用具、维修用具、清扫用具等。

复习思考题

1. 貉的生活习性有哪些特点？对饲养管理有什么指导意义？
2. 怎样进行母貉的发情鉴定？
3. 貉产仔持续多长时间？每窝能产多少仔貉？
4. 仔貉何时断奶分窝？怎样断奶分窝？

第四章 力克斯兔

第一节 起源及毛色品系

一、起源与发展

力克斯兔(Rex)是一种典型的皮用兔。因其皮毛酷似珍贵的毛皮兽——水獭,故我国多称其为獭兔(为了叙述的方便,后面多用獭兔一词)。1919 年在法国一个名叫卡隆的牧场主家的一窝灰兔中,产生了一只短毛多绒的后代;恰巧,与此同时在另一窝也生出一只同样的异性小兔。一个名叫吉利的神父买下了全部突变个体,经过几代的繁殖扩群和选育,自成体系,被命名为"Rex rabbit",即兔中之王的意思。

最初育成的力克斯兔,背部绒毛呈浓厚的红褐色,到体侧颜色渐淡,腹部基本为浅黄色,很像海狸,所以称为海狸力克斯或海狸色力克斯。1924 年,力克斯兔在法国巴黎国际家兔展览会首次展出,受到养兔界人士的高度评价,引起轰动效应,迅速扩展到世界上多个国家。20 世纪 30 年代后,英国、德国、日本和美国等国家和地区相继引入饲养,并培育出许多其他色型。在英国,得到认可的有 28 种色型,在美国有 14 种色型。

20 世纪 50 年代初期我国从前苏联引进獭兔,分布在北京饲养繁殖,以后相继在河北、山东、河南、吉林等 10 多个省、直辖市推广。但是,由于缺乏科学的技术指导和明确的繁育目标,杂交乱配严重,致使品种严重退化,皮张质量下降,使优种没有发挥出优势;1979 年,港商包起昌为了支援家乡建设,从美国引进 200 只獭兔,在浙江定海饲养;1980 年中国土畜产进出口公司从美国引进獭兔2 000 余只;1984 年农业部从美国引进 800 余只(涉及白色、黑色、红色、黄色、青紫蓝、黑白花等多种毛色,以白色为主),分别投放在北京、河北、浙江、辽宁、吉林、山东、江苏、河南、安徽等 10 余个省、直辖市;1986 年,中国土畜产进出口公司又接受美国国泰裘皮公司免费赠送的獭兔 300 只;此后,全国不少省、直辖市自发从国外引种,主要是从美国引种达 4 000 余只。1997 年,香港万山公司中国分公司从德国引进獭兔 300 只(白色和黑色),1998 年山东荣城从法国引进獭兔 200 只(白色和黑色)。2002 年山西灵石县泉州兔业发展有限公司从美国引进 304 只(其中白色 224 只,加利福尼亚 64 只,青紫蓝 16 只)。至此,我国已经从国外引入大量的獭兔,血统涉及苏、美、德和法 4 个品系。除了最初从前苏联引进的獭兔自动消失以外,目前我国饲养的所有獭兔均为美、德、法 3 个品系的后代繁衍而来。

我国獭兔的养殖尽管已有半个世纪,但是从 20 世纪 90 年代中后期才进入快速发展的轨道。在此之前,獭兔养殖的规模较小,产品开发基本是空白,獭兔皮国内加工能力有限,基本是原皮出口,受到国际市场的制约。更重要的是,不少地区炒种倒种盛行,不注重选种选配,营养不良,管理粗放,品种退化较严重。因此,兔皮质量较差,合格兔皮甚微。20 世纪 90 年代中后期,不少地区逐渐提高了对獭兔养殖意义的认识,将饲养獭兔作为广大农村脱贫致富的途径,有的列入国家科委或地方科委的星火计划。其中河北省科委将发展獭兔养殖列入重点攻关计划,由河北农业大学承担的"獭兔养殖及产业化技术研究"课题,针对獭兔养殖中存在的问题,开展系统的研究工作。特别是摸清了獭兔被毛密度、细度、粗毛率和皮板厚度的变化规律;研究了獭兔被毛密度的简易测定方法;推导出獭兔体重与体表(即皮张)面积的相关公式;拟定出獭兔指数选择公式;探讨了獭兔增长速度、被毛密度和营养(主要是蛋白质营养)的关系;根据地方性饲料资源,设计出全价饲料配方;并对影响獭兔幼兔成活率最为严重的球虫病进行较深入地研究,研制出特效抗球虫药物——"球净";对发病率较高的传染性鼻炎进行了发病规律的研究,并研制了特效药物——"鼻肛净";对獭兔集中饲养期大批死亡的棘手问题进行了有效控制;以"公司+农户"的形式,扶持龙头,发展基地,注重产品开发,狠抓技术培训等,解决了一家一户难以解决的一系列问题,初步探讨出獭兔养殖的新路子,有力地推动了河北省獭兔养殖业的发展,并对周边省、直辖市起到一定的引导和辐射作用。该项技术成果于 1998 年 10 月通过专家鉴定,整体水平处于国际领先地位,1999 年获得河北省山区创业(等同于科技进步)二等奖。

在此基础上进行了深入研究。采取优种纯繁、二元和三元品系杂交的方式,首次筛选出德×法美最佳三元杂交组合;以母乳泌乳力、仔兔断奶成活率、生长兔日增重、料肉比和被毛密度等经济性状为衡量标准,研究得出泌乳母兔和生长獭兔适宜的蛋白水平为 17.5%,生长獭兔最适宜的纤维水平为 12%;以獭兔的营养标准为依据,以不同饲料类型区资源为基础,以计算机技术与实践经验相结合,建立了包括 230 个饲料配方、3 个饲料类型区的獭兔饲料配方库,为獭兔饲养的标准化奠定了基础,也为充分利用地方饲料资源,降低饲养成本提供了方便;利用獭兔年龄性换毛的规律和生物调控机制,首次将褪黑素(MLT)应用于獭兔生产,皮下埋植 3.5~7 毫克,可使商品獭兔提前 20 天出栏;开发研制微生态制剂——生态素,可有效预防和治疗肠炎和腹泻,并降低兔舍有害气体浓度,大幅度降低抗生素和化学药物的使用及在兔体内的残留,为家兔的无公害化生产和我国兔肉打入国际市场奠定了基础;采取政府引导,龙头带动和农民参与,狠抓产品深加工,密切联系国内外市场,使阳原县獭兔生产形成产业化。该成果 2002 年通过专家鉴定,整体水平位居国际领先,翌年获得河北省科技进步一等奖。

与此同时,全国很多省、直辖市对獭兔进行了研究和技术开发工作,取得了显著成绩。原解放军军需大学与企业合作培育成功了吉戎兔;江苏省太仓市金星獭兔有限公司与南京农业大学合作,培育出了金星獭兔;四川省草原科学研究院培育出了四川白獭兔等。

兔皮的加工和交易方面取得巨大成就。起初我国的獭兔皮多为原皮出口,后渐渐过渡到熟皮。而目前绝大多数为獭兔皮制品,包括服装、服饰、提包、玩具等,远销世界各地。占据天时地利人和的河北省,拥有四大皮毛交易市场,分别是肃宁的尚村、蠡县的留史、枣强的大营和张家口的阳原,兔皮交易量占到全国70%以上。新品系的培育和兔皮的加工销售,为推动獭兔产业的发展产生积极的影响。据不完全统计,2008年全国獭兔饲养量在3 000多万只,其中河北省占半数左右。目前,我国獭兔产业化格局基本形成,展示出广阔的发展前景。

二、被毛特征

獭兔是典型的皮用兔,生产方向是以皮为主,兼用其肉。在被毛特点、外貌特征和生产性能等方面与其他家兔有不同之处。其被毛特点可用短、平、密、细、美、牢6个字来概括。

(一)短

指毛纤维的长度短。一般来说,肉用兔被毛纤维长度为2.5~3.3厘米,毛用兔的毛纤维更长,一般在8~12厘米或更长。而獭兔毛纤维的长度为1.3~2.2厘米。

(二)平

指獭兔整个被毛的所有毛纤维,无论是绒毛,还是枪毛,长度基本一致。因此,被毛非常平整,如刀切剪修一般。如果枪毛含量较高而突出被毛表面,则为品种退化的标志。

(三)密

指单位皮肤表面的毛纤维根数多,被毛非常浓密。据笔者对美系獭兔被毛密度的测定,每平方厘米皮板毛纤维平均 13 315 根(冬季)和 12 575 根(夏季),最高个体 19 189 根,最高部位(臀部)32 871 根,均高于肉兔和毛兔。用口吹其被毛,形成喇叭状旋涡,在旋涡基部所露出的皮肤很小。用手触摸被毛,有浓厚之感。毛纤维一根接一根,挺拔直立,用手往不同方向按抚,弹性很强。

(四)细

指毛纤维横截面的直径小。绒毛含量高,枪毛含量低,据笔者测定,美系白色獭兔毛纤维的平均直径为 16 微米,粗毛率平均5.5 ％。当然,不同色型的獭兔毛纤维直径也不一样,不同季节和月龄的獭兔也有差别,但毛纤维的平均直径和粗毛率远远低于毛兔,更低于肉兔。

(五)美

指獭兔被毛颜色多种多样,绚丽多姿,美观诱人。20～30 种天然色泽,为毛皮工业提供了丰富的素材,为人们的消费提供了多种选择机会,满足了人们对不同颜色的喜好。

(六)牢

指被毛纤维在皮肤上面附着结实牢固,不容易脱落。因此,为制裘创造了条件。

三、毛色品系

最先出现的獭兔毛色为红棕色,即海狸色。经过几十年獭兔育种工作者的努力,已经培育出多种被毛色型。如美国育成 14 个标准色型的品系,英国育成 28 个品系,德国已承认的色型有 15个。据有关资料介绍,世界上獭兔的标准色型有 36 个之多。现将我国国内饲养的 14 种标准色型的獭兔(主要是从美国引进)简单介绍如下。

(一)海狸色獭兔

全身被毛呈红棕色或黑栗色,背部毛色较深,体侧毛色较浅,腹部为淡黄色或白色。毛纤维的基部为暗蓝色,中段呈黑褐色,毛尖略带黑色。眼睛为棕色,爪呈暗色。

海狸色獭兔为最先培育的獭兔毛色类型,具有遗传性能稳定,被毛浓密柔软,皮张品质优良,抗病力强,易于饲养等优点。若被毛毛尖呈深灰、浅灰、白色等均为不合格的毛色。

(二)白色獭兔

全身被毛纯白,眼睛粉红色,爪为白色或玉色。毛被发黄或夹杂其他毛色,均为不合格。由于白色被毛可加工成其他各种颜色,因此,白色被毛是最有价值的毛色类型之一。白色獭兔为一种白化品系,抗病力和适应性不如有色獭兔。

(三)黑色獭兔

全身被毛黑色,富有光泽。每根毛纤维基部色较浅,毛尖部较深。眼睛黑褐色,爪暗色。如被毛带褐色、棕色、锈色、白色斑点或杂毛,均属不合格。

(四)青紫蓝獭兔

全身被毛基部为瓦蓝色,中段为珍珠灰色,毛尖为黑色。颈部毛色略浅于体侧部,背部毛色较深,腹部毛色呈浅蓝色或白色。眼睛呈棕色、蓝色或灰色。眼圈线条清晰,有浅珍珠灰色狭带,爪为暗色。被毛带锈色或淡黄色、白色或胡椒色,毛尖颜色过深或四肢带斑纹者,均属不合格。

(五)加里福尼亚獭兔

与加里福尼亚肉兔毛色相同,全身被毛除了鼻端、两耳、四肢下部及尾部为黑色或黑褐色,其余部分都为白色,俗称"八点黑"。黑白界限分明,色泽协调,分布匀称,毛绒厚密。眼睛呈粉红色,爪为暗色。

如果"八点"部位无标准的黑色或黑褐色,出现黑色中夹杂白色斑点或杂色者,均属不合格。

(六)巧克力色獭兔

全身被毛呈棕褐色,毛纤维基部多为珍珠灰色,毛尖部呈深褐色。皮肤颜色与被毛颜色相似,眼睛颜色呈棕褐色或肝褐色,爪为暗色。被毛带锈色、白色或出现褪色,被毛带有白斑,枪毛为白色者,均属不合格。

(七)红色獭兔

全身被毛为深红色,背部颜色略深于体侧,腹部毛色较浅。最理想的被毛颜色为暗红色,是毛皮工业中较受欢迎的毛色之一。眼睛呈褐色或榛子色,爪为暗色。如果腹部毛色过浅或有锈色、杂色与带白斑者,均属缺陷。

(八)蓝色獭兔

全身被毛为纯蓝色,每根毛纤维从基部至毛尖颜色纯一,不出现白毛尖,不褪色,没有铁锈色。蓝色獭兔毛绒柔软,为毛皮工业中较受欢迎的毛色之一。眼睛呈蓝色,爪为暗色。被毛带霜色、锈色、白色或其他杂色,均属缺陷。

(九)海豹色獭兔

被毛与海豹毛色相似,全身被毛呈黑色或深褐色。体侧、胸腹部毛色较浅,毛尖部略呈灰白色,体躯主要部位毛纤维色泽一致,从基部至毛尖均为墨黑色,从颈部至尾部均为暗黑色。眼睛为暗黑色或棕黑色,爪为暗色。被毛呈锈色或褐色,毛纤维自基部至毛尖颜色深浅不一或带有杂色,均属不合格。

(十)紫貂色獭兔

背部被毛为黑褐色,腹部、四肢呈栗褐色,颈、耳、足等部位为深褐色或黑褐色,胸部与两侧毛色相似,多呈紫褐色。眼睛为深褐色,在暗处可见红宝石色的闪光,爪为暗色。是目前毛皮工业较受欢迎的毛色之一。被毛呈锈色或带有污点、白斑及其他杂色毛或带色条者均属缺陷。

(十一)花色獭兔

被毛色泽可分为2种情况：一种是全身被毛以白色为主,混有一种其他不同颜色的斑点,最典型的标志是背部有一条较宽的背线、有色嘴环、有色眼圈和体侧有对称斑点。颜色有黑色、蓝色、海狸色等;另一种是全身被毛以白色为主,同时杂有2种其他不同的斑点,颜色有深黑色和橘黄色、蓝紫色和淡黄色、浅灰色和淡黄色等。花斑主要分布于背部、体侧和臀部,鼻端有蝴蝶状色斑。眼睛颜色与花斑色泽一致,爪为暗色。

花色獭兔又称花斑兔、碎花兔或宝石花兔,花斑表现有一定的规律,呈一定的典型图案。花斑面积一般占全身的10%～50%。花斑的要求:两耳毛色相同,鼻部有花斑,背部、体侧、臀部均带有花斑。

花斑面积少于全身面积的10%或多于50%,或有色部位出现其他杂色斑点,两耳为白色或鼻端缺少花斑者,均属缺陷。

(十二)蛋白石色獭兔

全身被毛呈蛋白石色,毛纤维的基部呈深瓦蓝色,中段为金褐色,毛尖部为紫蓝色。腹部毛色较浅,背部毛色较深,多呈棕色或白色,体侧部的毛色显示出美丽的金黄色或金褐色。眼睛为蓝色或砖灰色,爪为暗色。被毛呈锈色或混有白色、杂色斑点,毛尖部或底毛颜色过浅者均属缺陷。

(十三)山猫色獭兔

又称猞猁色獭兔。全身被毛色泽与山猫颜色相似,毛基部为白色,中段为金黄色,毛尖部略带淡紫色,是目前毛皮工业中最受欢迎的毛色类型之一。毛绒柔软带有银灰色光泽,腹部毛色较浅或略呈白色。眼睛为淡褐色或棕灰色,爪为暗色。若毛根或毛尖部呈蓝色,或与白色、橙色混杂,或带斑纹者,均属缺陷。

(十四)水獭色獭兔

为最近培育、最受毛皮工业欢迎的毛色类型。全身被毛呈深棕色,颈、胸部毛色较浅,略带深灰色,腹部毛色多呈浅棕色或略带乳黄色。被毛浓密,富有光泽。眼睛为深棕色,爪为暗色。若被毛呈锈色或暗褐色,体躯主要部位带白斑、污点或其他杂色者,均属缺陷。

四、彩色獭兔和兔皮的应用技术

我国饲养的獭兔绝大多数为白色品系,而彩色獭兔数量很少。但服装生产绝大多数是彩色的。白色兔皮加工成彩色服装需要对兔皮进行染色,而染色对环境造成一定污染,同时化学染料残留在服装毛皮上,间接对消费者带来一定的影响和心理压力。根据国际市场流行趋势和环保要求,天然彩色更受欢迎。因此,天然彩色獭兔将有一个较大的发展空间。目前,我国彩色獭兔皮数量甚微,价格很高,需求旺盛。怎样解决彩色兔皮货源不足,是生产中亟待解决的技术问题。

解决的途径有二:一是培育彩色獭兔。此方法需要时间较长,但可从根本上解决问题;二是利用獭兔毛色的遗传规律,生产大量的彩色商品獭兔。

白色被毛是由一对白化基因控制,相对于有色被毛基因来说,属于隐性基因。也就是说,白色獭兔与彩色獭兔交配,无论哪种獭兔作为父本或母本,所生后代全部为彩色,除非这只彩色獭兔不是纯种(仅仅针对毛色基因而言)。利用这一规律,可利用彩色獭兔的公兔与白色獭兔的母兔交配,所生后代为彩色,然后将这种杂交的彩色獭兔直接肥育,屠宰取皮即可。通过这项技术,可以生产大批的彩色兔皮,大幅度提高养殖效益。

但是,目前我国优质彩色獭兔数量很小,应下力量进行培育。尤其是深受欢迎的毛色,如青紫蓝和海狸色。宝石花尽管也受欢迎,但遗传不稳定,性状难以固定。

第二节 獭兔的饲养管理技术

一、獭兔的营养需要特点及饲养标准

(一)营养需要

1. 能量需要 獭兔对能量的需要受品种、性别、年龄、营养状况、日粮构成和环境等因素的影响。其消化能需要量为 10.45 兆焦/千克;成年公兔的基础代谢能量需要为 0.237 兆焦消化能/千克代谢体重,母兔为 0.209 兆焦消化能/千克代谢体重,公兔比母兔高出 13.4%;幼兔在生长阶段能量代谢旺盛,对能量需求较高;成年公兔在维持需要的基础上增加 20%;母兔在妊娠后期和泌乳期对能量需求高;当日粮能量水平低于需要量时,能量的利用率较高;日粮能量水平过高,能量的利用率会降低;当日粮的粗纤维水平适中,饲料的消化率高,日粮的能量利用率高;当日粮粗纤维水平过高影响饲料的消化时,能量的利用率低;过热或过冷均需要额外的能量消耗。对于健康的成年家兔,临界温度范围为 5℃～30℃,生长繁殖期的最适温度为 15℃～25℃。

计算獭兔对能量需要量可参考以下数据:维持状态的成年兔每千克活重每日需要 0.33～0.35 千焦消化能,在配种期为 0.39～0.49 千焦消化能,在妊娠期为 0.44～0.49 千焦消化能,哺乳母兔的需要量比非配种期的母兔多 1～2 倍,4～11 周龄生长兔为 0.73～0.95 千焦消化能。

2. 蛋白质需要 蛋白质是由氨基酸组成的,氨基酸有 22 种。獭兔生长发育及生产所需的氨基酸有些需通过饲料提供,有些可以在体内合成。必须由饲料提供的氨基酸被称为必需氨基酸,其余的为非必需氨基酸。蛋白质的营养实质上是氨基酸营养。獭兔的必需氨基酸有 10 种,分别是蛋氨酸、胱氨酸、赖氨酸、精氨酸、苏氨酸、色氨酸、组氨酸、异亮氨酸、缬氨酸和亮氨酸。其中蛋氨酸和赖氨酸被称为限制性氨基酸,在配合日粮时要保证其需要量。

饲料中蛋白质的消化率为 75%～90%。受饲料种类、日粮纤维水平和饲料中的蛋白质抑制因子的影响。例如,优质的豆粕的消化率可达到 80%,而杂粕的消化率降低;纤维水平越高,饲料中的蛋白质消化和利用率越低。而 12% 左右的纤维含量有助于蛋白质的消化;很多饲料中含有蛋白酶抑制因子,如生大豆含胰蛋白酶抑制因子较高,没有经过热处理的大豆及其饼粕喂兔会造成消化不良,甚至引起腹泻。经过适当高温处理可使其灭活。但加温过度会破坏赖氨酸的结构,同时降低蛋白质的利用率。

不同生理阶段蛋白质的需求量不同。每千克活重维持的可消化蛋白质需要量为 1.7～2.2 克;妊娠前期蛋白质的需要量在维持需要基础上增加 10%,后期则增加 40%～50%;种公兔一般在配种期间日粮蛋白质水平在 15%～17% 为宜;泌乳母兔的粗蛋白质日需要量为:4 千克母兔日维持需要粗蛋白质 28.78 克;日泌乳 200 克,含乳蛋白质 20.8 克,粗蛋白质转化为乳蛋白质的比率按 45% 计,则需要粗蛋白质 46.22 克。故体重 4 千克,日泌乳 200 克的母兔日需粗蛋白质 75 克。采食粗蛋白质含量为 18% 的日粮 417 克可满足要求。商品獭兔日粮蛋白质 17%～18%,蛋氨酸＋胱氨酸 0.56%,赖氨酸 0.80%,精氨酸 0.80%,可望有较好成绩。

3. 脂肪需要 脂肪对獭兔具有营养功能,如构成体组织,贮存和供给能量,促进脂溶性维生素的吸收等,在獭兔的产品中也含有一定量的脂肪,如兔奶中含 13.2% 的乳脂,兔毛中含 0.84% 的油脂,兔肉中含 8.4% 的脂蛋白。因此,脂肪的供给量必须满足以上需求。一般认为,獭兔日粮中粗脂肪的含量达到 3%～5% 即可。

4. 纤维素需要 粗纤维虽不易消化,但对维持獭兔正常的消化功能和预防腹泻,促进家兔正常排粪和预防吃毛等均有重要意义。日粮中含粗纤维 12％～15％，可减少肠炎，预防吃毛，促进生长。一般推荐日粮粗纤维水平为 12％～16％，日粮粗纤维含量不要超过 20％。

5. 矿物质需要　矿物质包括需要数量大的常量元素（以％表示）和需要量很小的微量元素（以毫克/千克表示）。常量元素包括：钙、磷、钾、钠、氯、镁、硫，微量元素包括钴、硒、铜、锌、锰、碘、铁。有些矿物质，如硫、钾和镁在通常的獭兔日粮中含量充足，不需专门添加，但在疾病或追求最大生产率时应予考虑。

成年獭兔的维持需要为每千克日粮中含钙 6 克，磷 4 克，铁 55 毫克，碘 0.2 毫克，锰 2.5 毫克；4～12 周龄生长兔要求每千克日粮含钙 0.5％，磷 0.3％，钾 0.8％，钠 0.4％，氯 0.4％，镁 0.03％，硫 0.04％，钴 1 毫克/千克，铜 5 毫克/千克，锌 50 毫克/千克，锰 8.5 毫克/千克，碘 0.2 毫克/千克，铁 50 毫克/千克；哺乳母兔和仔兔要求每千克日粮含钙 1.1％，磷 0.8％，钾 0.9％，钠 0.4％，氯 0.4％，镁 0.04％，硫 0.04％，钴 1 毫克/千克，铜 5 毫克/千克，锌 70 毫克/千克，锰 2.5～8.5 毫克/千克，碘 0.2 毫克/千克，铁 50 毫克/千克；妊娠母兔要求每千克日粮含钙 0.8％，磷 0.5％，钾 0.9％，钠 0.4％，氯 0.4％，镁 0.04％，锌 70 毫克/千克，锰 2.5 毫克/千克，碘 0.2 毫克/千克，铁 50 毫克/千克。

6. 维生素需要　维生素是天然食物和饲料中存在的特殊的有机微量营养成分，分为脂溶性维生素和水溶性维生素两大类。前者包括维生素 A、维生素 D、维生素 E、维生素 K，后者主要包括 B 族维生素和维生素 C。

獭兔维生素的主要量为：3～12 周龄，每千克日粮含：维生素 A 6 000～10 000 单位，维生素 D 1 000 单位，维生素 E 40～50 单位，维生素 K 0～1 毫克，维生素 B₁ 2 毫克，维生素 B₂ 6 毫克，维生素 B₆ 40 毫克，维生素 B₁₂ 0.01 毫克，叶酸 1 毫克，泛酸 20 毫克；哺乳兔，每千克日粮含：维生素 A 12 000 单位，胡萝卜素 83 毫克，维生素 D 900 单位,维生素 E 50 毫克,维生素 K 2 毫克,烟酸 50 毫克。

7. 水的需要　水是獭兔最重要的营养物质之一,其作用不亚于任何一种其他营养物质。但往往被人们忽视。獭兔需水量受年龄、体重、生产水平、饲料特性及气候条件的影响。一般地说,幼兔需水量比成兔多;泌乳母兔比肥育兔多;夏季比冬季多;日粮中含蛋白质量高时,需水量也增加。在 15℃～25℃条件下,獭兔饮水量一般为采食干草量的 2～2.5 倍;哺乳母兔和幼兔可达 3～5 倍。随着温度的升高需水量增加。

(二)獭兔的营养标准

关于獭兔的营养标准,目前国内外尚无统一标准。多数参考美国 NRC、德国和法国制定的肉兔营养标准,根据獭兔的生产性能进行适当调整。为了制定獭兔的营养标准,笔者参考国内外相关资料,进行了为期 10 多年的探索,制定了獭兔日粮不同营养的推荐标准(表 4-1)。

表 4-1　獭兔全价饲料营养含量　(谷子林建议,1998)

项　目	1～3 月龄生长獭兔	4 月～出栏商品兔	哺乳兔	妊娠兔	空怀兔
消化能(千焦/千克)	10.46	9～10.46	10.46	9～10.46	9.0
粗脂肪(%)	3	3	3	3	3
粗纤维(%)	12～14	13～15	12～14	14～16	15～18
粗蛋白(%)	16～17	15～16	17～18	15～16	13
赖氨酸(%)	0.80	0.65	0.90	0.60	0.40
含硫氨基酸(%)	0.60	0.60	0.60	0.50	0.40
钙(%)	0.85	0.65	1.10	0.80	0.40
磷(%)	0.40	0.35	0.70	0.45	0.30
食盐(%)	0.3～0.5	0.3～0.5	0.3～0.5	0.3～0.5	0.3～0.5

续表 4-1

项　　目	1～3 月龄 生长獭兔	4 月～出栏 商品兔	哺乳兔	妊娠兔	空怀兔
铁(毫克/千克)	70	50	100	50	50
铜(毫克/千克)	20	10	20	10	5
锌(毫克/千克)	70	70	70	70	25
锰(毫克/千克)	10	4	10	4	2.5
钴(毫克/千克)	0.15	0.10	0.15	0.10	0.10
碘(毫克/千克)	0.20	0.20	0.20	0.20	0.10
硒(毫克/千克)	0.25	0.20	0.20	0.20	0.10
维生素 A(单位)	10000	8000	12000	12000	5000
维生素 D(单位)	900	900	900	900	900
维生素 E(毫克/千克)	50	50	50	50	25
维生素 K(毫克/千克)	2	2	2	2	0
硫胺素(毫克/千克)	2	0	2	0	0
核黄素(毫克/千克)	6	0	6	0	0
泛酸(毫克/千克)	50	20	50	20	0
吡哆醇(毫克/千克)	2	2	2	0	0
维生素 B_{12}(毫克/千克)	0.02	0.01	0.02	0.01	0
烟酸(毫克/千克)	50	50	50	50	0
胆碱(毫克/千克)	1000	1000	1000	1000	0
生物素(毫克/千克)	0.2	0.2	0.2	0.2	0

二、獭兔的饲养管理要点

獭兔不同生理阶段的饲养管理不尽相同。而生理阶段大体分为:仔兔(出生至断奶)、幼兔(断奶至 3 月龄)、青年兔(3 月龄至配种)。成年兔分为种公兔和种母兔。在农村家庭养殖条件下,种公兔分为集中配种期和休闲期,而规模化、集约化养殖条件下,全年配种,没有明显的阶段划分。种母兔可分为空怀期(没有妊娠、没有泌乳)、妊娠期(配种妊娠至分娩)、泌乳期(分娩至仔兔断奶),当母兔产后配种或在泌乳期的中期配种,在泌乳的同时又妊娠时,由于其需求营养最多,可将这一时期称为哺乳妊娠期。从总体而言,平时饲养管理与肉兔大同小异。所不同的是,其主要产品是兔皮,而兔皮的质量与饲养管理有很大关系,育肥獭兔(一般断奶至5月龄或6月龄)的饲养管理是关键。

獭兔肥育与肉兔肥育不同。后者只要达到出栏体重标准即可,而獭兔肥育不仅要达到体重标准、皮张面积标准,更重要的是达到皮板成熟标准和被毛品质标准。生产中应掌握以下技术要点。

(一)饲养优种和杂交组合

商品皮的生产目前有3条途径:一是优良纯系直接肥育。即选育优良的兔群,繁殖出大量的优秀后代,生产高质量的皮张;二是系间杂交。目前我国饲养的獭兔主要有美系、德系和法系,据测定,美系獭兔的繁殖力最高,德系兔最低,法系兔居中。但从生长速度来看,德系兔的生长潜力最大。以美系獭兔为母本,以德系或法系为父本,进行经济杂交;或以美系獭兔为母本,先以法系獭兔为第一父本进行杂交,杂交一代的母兔,再与第二父本——德系兔进行杂交,三元杂交后代直接肥育。根据笔者掌握的资料,这两种方案效果均优于纯繁;三是饲养配套系。不过目前我国在獭兔方面还没有成功的配套系,一些科研单位和大专院校正在着手培育配套系。如果配套系培育成功,其效益会成倍增加。

(二)抓断奶体重

肥育速度的快慢在很大程度上取决于早期增重的快慢。即肥育期与哺乳期密切相关。凡是断乳体重大的仔兔,肥育期的增重就快,就容易抵抗断奶的应激。而断奶体重越小,断奶后越难养,肥育增重越慢。同时,根据笔者研究,毛囊的分化主要在早期,以3月龄之前最快,3～5月龄渐慢,5月龄以后更慢。而且毛囊的分化和体重的生长呈现正相关。因此,要求仔兔30天断奶重达到500克,若达到600克最为理想,最低不可低于400克。达此目的,必须提高母兔的泌乳力、抓好仔兔的早期补料、调整仔兔体重和母兔的哺育仔兔数。

(三)过好断奶关

仔兔断奶后进入肥育,环境和饲料的过渡很重要。如果处理不好,在断奶后2周左右可能大批发病、死亡,并造成增重缓慢,甚至停止生长或减重。一旦在肥育期发生疾病,其治愈后恢复很难,有可能成为长期不长的僵兔,失去了肥育的价值。断奶后最好原笼原窝在一起,即采取移母留仔法。若笼位紧张,需要改变笼子,同胞兄妹不可分开。肥育应实行小群笼养,切不可一兔一笼,或打破窝别和年龄,实行大群饲养。这样会使断奶仔兔产生孤独感、生疏感和恐惧感。断乳后1～2周内饲喂断奶前的饲料,以后逐渐过渡到肥育料。否则,突然改变饲料,2～3天出现消化系统疾病。

为了预防断奶后仔兔腹泻病,有条件的兔场将饲料进行膨化,小规模兔场可在铁锅里适当加热,破坏饲料中的抗营养因子,对于降低腹泻,帮助消化,促进生长等,有非常好的效果。

(四)前促后控

獭兔的肥育期比肉兔时间长,因为不仅要求商品獭兔有一定的体重和皮板面积,还要求皮张质量,特别是遵循兔毛的脱换规律、要求被毛的密度和皮板的成熟度。如果仅仅考虑体重和皮板面积,一般在良好的饲养条件下3.5月龄可达到一级皮的面积,但皮板厚度、韧性和强度不足,生产皮张的利用价值低。因此,采取前促后控的肥育技术:即断奶至3月龄或3.5月龄,保证营养水平,采取自由采食,充分利用其早期生长发育速度快的特点,挖掘其生长的遗传潜力,多吃快长。此后适当控制,一般有2种控制方法,一是控质法;二是控量法。前者是控制饲料的质量,使其营养水平降低,如能量降低10%,蛋白质降低1~1.5个百分点,仍然采取自由采食;后者是控制喂料量,每日投喂相当于自由采食的80%~90%饲料,而饲养标准和饲料配方与前期相同。采取前促后控的肥育技术,可以节省饲料,降低饲养成本,而且使肥育兔皮张质量好,皮下不会有多余的脂肪和结缔组织。

(五)公兔去势

由于獭兔的性成熟在3~4月龄,而肥育出栏期在5月龄左右,后期群养肥育相互爬跨,影响采食和生长,不便于管理,可采取去势的方法。一般在2.5~3月龄进行。去势后的公兔性情温驯,生长较快,饲料利用率提高,肉质肥嫩,无异味。如果采取单笼肥育,也可以不去势。只不过性成熟之后的公兔四处撒尿和用下颌摩擦,使笼具和被毛污浊。

(六)使用高科技产品

除了满足肥育兔在能量、蛋白质、纤维等主要营养的需求外,应用一些高科技产品是必要的。如稀土添加剂具有提高增重和饲料利用率的功效;喹赛多有促进蛋白质合成及防病的作用;杆菌肽锌添加剂有降低发病率和提高肥育效果的作用;腐殖酸添加剂可提高家兔的生产性能;酶制剂可帮助消化,提高饲料利用率;抗氧化剂不仅可防止饲料中一些维生素的氧化,也具有提高增重,改善肉质品质的作用;维生素、微量元素及氨基酸添加剂的合理利用,对于提高肥育性能起到举足轻重的作用;微生态制剂有预防疾病,提供生产性能作用;寡糖有帮助建立正常的微生物体系,抑制有害微生物的繁殖,降低腹泻病的效果;大蒜素可抑杀病原微生物,降低腹泻,提高饲料的适口性和改善肉质的作用等。

缩短饲养周期是降低饲养成本,提高养殖效益的有效手段。根据笔者试验,断奶后(35日龄左右)皮下埋植褪黑素5~7微克,具有促进生长和毛囊分化,增加被毛密度,加速皮毛成熟的作用,可使商品獭兔提前 20 天左右出栏。

(七)环境控制

肥育效果的好坏,在很大程度上取决于环境控制。在这里主要说的是温度、湿度、密度、通风和光照等。温度过高或过低都是不利的,最好保持在 25℃左右。湿度过大容易患病,应保持环境干燥,空气相对湿度控制在 55%～65%;密度应根据温度及通风条件而定。在良好的条件下,每平方米笼底面积饲养肥育前期的兔子 16～18 只。但是由于我国农村多数养兔场的环境控制能力有限,过高的饲养密度会导致相互咬架,温度调节更加困难。因此,一般肥育兔 3 月龄以前控制在每平方米 14 只左右,后期(3 月龄到出栏)采取单笼饲养(20 厘米×50 厘米)。通风不良,不仅不利于家兔的生长,而且容易患多种疾病。肥育兔饲养密度大,排泄量大,对通风的要求比较强烈,应满足其需要;光照对于獭兔的生长和繁殖有影响。根据国外的经验,肥育期实行弱光或黑暗,仅让兔子看到采食和饮水,有抑制性腺发育,促进生长,减少活动,避免咬斗,提高饲料利用率等多种作用。

夏季蚊蝇对养兔影响很大。蚊子会传播血液疾病(如附红细胞体病),苍蝇是消化道疾病传播的罪魁。实践表明,使用微生态制剂(饮水或拌料),可有效降低兔舍臭味和蝇蛆数量。而在兔舍外面种植驱蚊草,兔舍内放置驱虫草花盆,对于驱避蚊虫有理想效果。

(八)控制疾病

肥育期主要疾病是球虫病、腹泻和肠炎、呼吸道疾病(以巴氏杆菌和波氏杆菌为主)及兔瘟。球虫病是肥育期的主要疾病,全年均发,尤以 6～8 月份为甚。采取药物预防、加强饲养管理和搞好卫生工作相结合;腹泻和肠炎主要是在饲料的合理搭配,粗纤维的含量、搞好饮食卫生和环境卫生上下功夫;预防呼吸道疾病一方面搞好兔舍的卫生和通风换气,加强饲养管理,另一方面在疾病的多发季节适时进行药物预防,并定期注射疫苗;兔瘟只有注射疫苗才可控制。幼兔在 35～40 日龄每只皮下注射 1 毫升,60 日龄加强免疫 1 次即可。

(九)适时出栏

出栏时间根据季节、体重和兔群表现而定。在正常情况下,5月龄达到 2.5～3 千克即可出栏。冬季气温低,耗能高,不必延长肥育期,只要达到出栏最低体重即可。

三、提高獭兔繁殖率的技术

繁殖率包括发情率、配种受胎率、产仔率、胎产仔数和断奶成活率等。根据笔者经验,选种是关键,营养是重点。主要抓好以下工作。

(一)严格选种

选种时必须把繁殖性能作为重要指标。要从高产的种兔后代选留种兔。所选的种兔生殖器官发育良好,公兔睾丸大而匀称,精子活力高,密度大,性欲旺盛,肥瘦适度。母兔体长腹大,乳头数 8个以上;及时淘汰单睾、隐睾、卵巢或子宫发育不全,及患有生殖器官疾病的公、母兔;对受胎率低、产仔少、母性差,泌乳性能不好,有繁殖障碍的种兔及时淘汰。

(二)保持种兔体况

种兔的体况对于受胎率和产仔数影响很大。过于肥胖,使卵巢周围脂肪沉积,影响其功能,会造成发情不正常或受胎率及产仔数低。而过于瘦弱,营养不良,也会使母兔的性功能受到抑制。因此,保持种用体况,使之不肥不瘦,即保持八成膘,可提高发情率和配种受胎率。实践证明,在有条件的兔场,增加青饲料的投喂,可防止母兔过肥,保持良好的种用体况,提高繁殖力。

(三)增喂维生素饲料

维生素对于种兔的繁殖率有较大影响。特别是维生素 A 和维生素 E 在獭兔的繁殖过程中起到其他营养所不可替代的作用。它们的缺乏，会造成獭兔的繁殖障碍。对于繁殖期的种兔，每千克饲料中维生素 A 应达到 10 000 单位以上，维生素 E 应在 40 毫克以上。因此，饲料中应有足够的维生素。青绿饲料富含维生素，常年提供一定的青绿饲料，可降低饲料费用，提高受胎率和产仔数。根据笔者经验，通过眼球颜色的观察，即可以判断饲料中与繁殖相关的主要维生素(如维生素 A 和维生素 E)是否满足，母兔的繁殖率是高还是低。如果白色獭兔眼球红而明亮，精神饱满，说明饲料中与繁殖相关的维生素含量较高，母兔的发情、受胎和产仔成绩都会很好。相反，眼球色淡或暗，精神不振，说明相关维生素缺乏，其不会有理想的繁殖效果。

(四)科学配种

一是要避免近交；二是适时配种，即在母兔的发情中期配种，受胎率最高；三是采取复配和双重配。母兔在发情期，用 1 只公兔交配 2 次或 2 次以上(一般间隔 4 小时)，称为复配；如果用 2 只公兔与同一只发情母兔交配(一般间隔 15 分钟以上，4 小时以内)，称为双重配。两种方法均可提高母兔的受胎率和产仔数；四是适当血配。母兔具有产后发情的特点，对于产仔数较少的青壮年母兔，如果体况较好，可在产仔后 24 小时以内(试验表明，在产后 6～12 小时配种，不超过 24 小时效果最好)配种，受胎率和产仔数均较高。但是，对于膘情较差的母兔，产后配种受胎率没有保证，即使配种后受胎，胎儿发育不良，母兔体质衰退，两胎仔兔和母兔以后的繁殖都受到较大的影响。因此，血配不可滥用；五是激素配合配种。据笔者试验，在獭兔本交的同时，再给母兔肌内注射促排卵素 3 号(LRH-A3)，不仅可提高受胎率，还可增加产仔数；六是夏季控制繁殖。在没有降温条件的兔场，夏季高温期间应停止配种。这样做,似乎母兔的繁殖胎数减少了,但是,可保证种兔体质,保持旺盛的繁殖功能。否则,高温期间强行繁殖,不仅会影响胎儿的发育,造成初生仔兔体重小,成活率低,还会对母兔的生命产生威胁。同时,对以后的繁殖产生不良影响。

配种时间影响受胎率。根据笔者试验,夜间配种,尤其是下半夜配种,受胎率更好。

为了提高配种效果和降低劳动强度,笔者提出了"半夜情"配种技术。即每次在下半夜开始配种,将发情母兔放在公兔笼内。一般情况下,配种结束之后马上将母兔取走,隔一定时间(一般 4 小时以内)再将母兔放入公兔笼中重复配种 1 次。而本项技术在配种之后不马上把母兔取走,而是将所有的欲配种的母兔全部放对(引荐到公兔笼中)。翌日早晨喂料 30 分钟前,将所有的母兔从公兔笼取走,放回原笼,使公、母兔在一起 6 小时。这样,可保证交配次数 2 次以上。受胎率可提高 15 个百分点,胎均产仔数增加 1 个以上。

(五)及时淘汰疾患兔

獭兔患有任何疾病,都会影响繁殖率。特别是生殖系统疾病,如子宫炎、阴部炎、梅毒、睾丸炎等,除非有特殊价值的种兔,否则,应果断淘汰。

(六)加强管理

保持环境卫生,提供舒适的生活空间,特别是兔舍通风、透光、干燥、安静;不可大量、长期和盲目用药,配种期尽量不用药和不注射疫苗;控制高温。实践表明,母兔在妊娠期,环境温度不同,产仔数不一样。在高温(30℃以上)条件下,母兔的产仔数明显减少。而处于 25℃以下的环境下,有较高的产仔数。这是因为在高温下,胚胎的死亡数增加。因此,在生产中,应使母兔尽量避免高温的影响;由于光照不足会明显影响繁殖功能,所以在冬季和秋后,应采取自然光照和人工补光相结合,使每日光照时间达到 14~16

小时;保证饲料质量,防止因饲料中有毒有害物质超标而影响种兔的繁殖力;针对母兔流产的原因,采取预防措施。特别是保持环境安静,对于妊娠母兔不可轻易捕捉和追赶。

(七)短期优饲

动物生产中有一种"短期优饲"的理论,即在母畜配种前2周,提高饲料中能量含量(即增加含能量比较多的饲料比例,如玉米、麦麸等,使能量提高 20%～30%)可增加排卵数。但配种后应立即将能量降下来。否则,将增加胚胎的死亡数。对于体况一般或稍差的母兔,在配种前7～10天,可适当增加能量饲料或精饲料的喂量,对于促进卵泡的发育,增加排卵数和促进发情有较好效果。但是对于膘情较好的母兔无须增加营养。

(八)品系间杂交

商品獭兔生产,杂交是提高经济效益的有效途径。目前我国饲养的獭兔有美系、德系和法系3个品系。实践证明,以美系獭兔为母本,以德系和法系为父本,进行经济杂交,其杂交后代无论是在生长发育方面,还是被毛品质方面,都比其亲本要好。从总体来说,我国所饲养的獭兔,血缘比较窄,在生产中,特别是在一些中小型兔场里,或多或少地有一定的近交现象。因此,有意识、有针对性地进行品系间的杂交,对于改善这种血缘窄狭的状况有一定的现实意义。而以美系或含有美系血缘的母兔为母本进行系间杂交,一定有好的效果。

(九)提高公兔精液品质

配种受胎率受到母兔和公兔双方情况的影响。生产中,因为公兔的原因所造成的不孕似乎更加普遍,应引起高度重视。对于种公兔,除了体况、营养、维生素和疾病以外,特别强调,公兔睾丸对于高温特别敏感。夏季持续的高温,将使公兔睾丸生精上皮变性,暂时失去产生精子的能力。而其功能的恢复需要较长的时间(一般为 40～60 天)。因此,高温季节给种公兔提供适宜的低温环境,是提高獭兔受胎率及产仔数的有效措施。有条件的兔场,在炎热的夏季可将种公兔集中于空调室内度夏,这样做,经济上是合算的。在夏季使用抗热应激剂(如维生素 C、有机铬、稀土添加剂、中草药制剂等),或对受到热应激公兔及时使用抗热应激制剂,对于预防热应激和加速公兔睾丸功能的恢复有良好效果。

(十)保持公、母合适比例

公兔的使用强度对于母兔的受胎率有较大影响。一般来说,在本交情况下,公兔和母兔的比例为 1∶8～12,另外留出公兔总数的 10% 备用。公兔配种次数一般为每日 1～2 次,连续 2～3 天休息 1 天。如果过度使用,会使公兔的体力和睾丸功能衰竭而造成早衰,配种受胎率反而降低。但是,公兔长期不用也是不利的。这样也会使睾丸功能受到抑制,使附睾里贮存的精子老化,生命力降低,甚至死亡,不仅受胎率降低,死胎数和弱胎数增多,胎产仔数减少。

第三节　獭兔的选育技术

一、选　种

(一)质量性状的选择

1. 对隐性基因的选择　在质量性状中,獭兔的有些隐性基因对人类是有益的或符合我们的选种目标,我们希望将这些隐性有益基因选择并固定下来,而将其对应的显性基因淘汰。由于隐性基因纯合时才能表现出来,也就是说,隐性纯合子的基因型和表现型一致,从表现型就可判定其基因型。这样,只要将隐性纯合个体保留下来,其余的全部淘汰,其繁殖的后代则全部为隐性纯合个体。例如,在獭兔群体中我们希望发展白色獭兔(为白被毛,红眼睛的獭兔,而不是白被毛,黑色、蓝色或其他颜色眼睛的獭兔)。由于白色獭兔的被毛是白化基因 cc 的纯合,所以在獭兔群体里只要选留白色獭兔进行繁殖即可使群体的后代全部为白色。当然,这仅仅是选择 1 个性状,比较容易,如果要选择多个隐性基因的纯合体,需要在较大的群体里有目的地做大量的测交试验,从中产生我们希望得到的多个隐性基因纯合的个体,选择之后进行繁殖。由于隐性纯合子出现的概率很低,而且被选的性状越多,出现的概率就越少,一般出现的概率为 $(1/4)^n$,n 为被选基因的数量,即被选性状的个数。在一个基因杂合的群体里和随机交配的情况下,如果选择 1 对性状,其隐性纯合个体出现的比例为 1/4,即 $(1/4)^1$;如果选择 2 对,则出现的比例为 1/16,即 $(1/4)^2$;选择 3 对,则出现的比例仅为 1/64,即 $(1/4)^3$,依此类推。

由于隐性基因个体的基因型与表现型一致,如果 100% 地淘汰显性个体时,只要没有发生突变,下一代隐性基因的概率就达到1,即后代全部为隐性纯合个体。可见选择隐性基因是比较容易的。

2. 对显性基因的选择　很多隐性基因对家兔或对我们是不利的,在选种中应将这些隐性基因(如水肿眼、白内障、八字腿、短趾、多囊肾、膈疝等)的携带者全部淘汰,而将那些显性基因纯合的个体选留为种。在实际生产中,选择显性基因、淘汰隐性基因与选择隐性基因相比,困难得多。因为,隐性基因纯合体的基因型与表现型是完全一致的,只要将那些符合要求的个体选择作种即可。而显性基因就不是那么简单,它的表现型和基因型不完全一致。以 1 对基因为例,显性基因 A 和隐性基因 a,表现显性性状的基因型有两种可能,即 AA 和 Aa,那么,哪些个体是显性纯合体 AA,从表面上看不出来。只有通过测交才能将它们区分开。测交有 2 种方法。

第一种,让被测种兔(最好是公兔)与隐性纯合个体交配。如果所生的后代全部为显性性状,那么就可判断其为显性纯合体。

当然,仅仅根据出现的少数几只后代不能断定到底是显性纯合还是杂合个体,测交所产生的后代必须有一定的数量。根据统计学原理,如果连续出现5只显性性状的后代,就有95%以上的把握断定该种兔为显性纯合体。如果连续出现7只显性纯合后代,就有99%以上的把握断定该种兔为显性纯合个体。连续出现的显性性状的后代越多,断定该种兔为显性纯合子的把握就越大。当然,其后代出现1只隐性性状的后代,我们就能肯定该公兔是一个杂合个体。

第二种,让被测公兔与已知为杂合子的母兔交配,观察其后代不同类型的比例。经计算,如果其所生后代连续11只仔兔中没有1只隐性个体出现,我们可以断定该种兔不是一个隐性基因携带者的概率为0.05,即就有95%的把握断定其为纯合子;如果所生后代连续16只以上为正常后代,断定该种兔不是一个隐性基因携带者的概率为0.01,就有99%的把握断定其为纯合子。同理,如果其后代出现1只隐性性状个体,就可断定其为隐性基因的携带者,不必再进行测交。

(二)数量性状的选择

獭兔的大多数性状都属于数量性状,如日增重、饲料利用率、屠宰率、皮张面积、被毛密度、母兔泌乳力、产仔数、仔兔成活率等。数量性状受多基因控制,不同的性状遗传力不同,在选择时应根据不同的性状和不同的条件采取不同的选择方法。

1. 单一性状的选择 针对某一特定的性状进行选择,有以下几种方法。

(1)个体选择 根据獭兔本身的质量性状和数量性状的表型值进行选择,称为个体选择。由于个体选择是对个体表型值的选择,所以选择效果的大小取决于被选性状遗传力的大小。只有遗传力高的性状,个体选择才能取得好的效果。而遗传力低的性状,采取这种方法收效甚微。例如,獭兔的生长速度、饲料利用率、体型大小、被毛品质和体质类型等性状遗传力较高,采取个体选择是有效的。而繁殖力遗传力较低,主要受环境影响,单凭个体表型值的选择不会有大的效果,因此不适于这种选择方法。群体的差异大,即标准差大,个体之间在性能方面有较大的悬殊,个体选择效果好。因为对于遗传力高的性状,在相同环境下饲养的獭兔所产生的差异主要是由遗传所造成的。

(2)家系选择　根据家系(全同胞家系或半同胞家系)的平均表型值进行选择称家系选择。在家系选择中,个体值除了影响家系均值外,一般不予考虑。家系选择适于遗传力低的性状,这是因为每个个体的表型值中的环境偏差,在家系均值中彼此抵消,因而家系的平均表型值接近于平均育种值。但是如果家系成员的共同环境使得家系间的环境差异很大时,则家系选择失效。因为这时家系间的遗传差异被掩盖了。因此,适合家系选择的条件有 3 个:遗传力低;家系大;由共同环境造成的家系间差异或家系内相关小。如獭兔的产仔数。

(3)家系内选择　根据个体表型值与家系(全同胞家系或半同胞家系)均值的差进行选择称为家系内选择。这种选择方法可避免将整个家系全部淘汰,使每个家系保留一定数额的个体留作种用,减少和避免近亲繁殖。家系内选择方法适于性状的遗传力低,而且家系间环境差异较大,家系内环境相关高的性状。因为家系之间的差异主要是不同的环境造成的,而同一家系的个体处于非常相近的环境中,它们之间的差异才真正反映遗传上的差异。例如,同一兔场不同生产车间(不同的饲养员进行管理或车间的环境不同)獭兔的同一性状所表现的性能不同(如产仔数、泌乳力、断奶体重、断奶成活率等),这种差异可能主要是由于车间之间的差异所造成的,采用家系内选择更加有效。家系内选择在引进种兔的保种工作中有重要意义。

为了便于理解,现举一例说明不同的选种方法的特点和结果。

某兔场欲从 5 个待选家系的 25 只 3 月龄后备兔中选出 10 只作种,采取不同的选种方法其结果大不相同。

在实际选择工作中,应根据每个性状的遗传力和环境的具体情况采取相应的选择方法。遗传力高的性状采用个体选择;遗传力低的性状宜采用家系选择,因为家系的平均值接近于家系的育种值,而各家系内个体间差异主要是环境造成的,对于选种没有多大意义;家系内环境相关高的性状宜采用家系内选择,因为它们之间的差异主要是由环境造成的,而同一家系内的个体处于非常相似的环境中,它们之间的差异才真正反映遗传上的差异。

(4)后裔测定 又称后裔选择,是根据后代的表型值进行选择。一只种兔的育种价值高低最可靠的检验是其后代品质。由于后裔选择方法需要的条件较高,一般适于种公兔的选择。

实际测定时将母兔均匀分组,随机配以不同公兔。不同公兔所配母兔组后代性能的平均值是不同的,有的公兔会连续产生品质优良的后代,这样的公兔的育种价值无疑高于其他公兔,应继续留作种用,而其后代也将优先选入后备群。

后裔测定应注意待选的几只种公兔所配母兔应基本一致(如品系、年龄、胎次、配种时间、环境条件、饲养管理、母兔数量,公、母比例不低于 1∶4),应避免近亲现象。更重要的是所生后代不经挑选,应尽量保留其全部后代。若限于条件,其后代也应随机取样。所测公兔的后裔应培育于相同的环境条件下进行比较,这样可消除环境影响的差异,使后代品质的差异真正反映公兔之间的遗传差异。

后裔选择应保持精确完整的记录,测定应保持足够的后代数量直至测定结束。后代除了不可避免的死亡外,在测定前不能进行人为淘汰。

(5)合并选择 家系选择是根据家系均值进行选择,并没有考虑家系内的差异;家系内选择是根据家系内的差异,而完全不论其家系均值如何;个体选择是将这两部分同等对待。如果将家系均值和家系内差异两部分按不同情况给予适当的加权而组成一个指数,根据这个指数进行选择,就是合并选择。

2. 多性状选择 在獭兔的选育过程中,我们希望提高的性状往往不止 1 个,而是越多越好。但是,选择要有重点,同时选择的性状不能太多,否则影响各个性状的遗传进展。在实践中,一般同时选择 3 个左右最重要的性状,统筹考虑,即对种兔进行综合选择。具体方法有以下几种。

(1)顺序选择法 把要选择的多个性状按一定顺序(经济的重要性或生产中存在问题的严重性)排列,分阶段选择,即一个时期只选择 1 个性状,这个性状提高后再选第二个性状,然后再选第三个性状,依此类推。这种选择方法对某一性状来说,遗传进展是快的,但就几个性状总起来看,需要的时间较长。如果几个性状之间存在着负相关,有可能一个性状的成绩提高,而其他性状则相应下降,造成顾此失彼,此起彼伏。如果几个性状不在时间上顺序选择,而是在空间上分别选择,即在不同品系内选择不同的性状,待提高后再通过系间杂交进行综合,则可缩短选育时间。

(2)独立淘汰法 同时选择几个性状,分别规定每个性状的最低标准,只要所选择的几个性状都达到最低标准,即可选留。否则,只要 1 个性状没有达到最低选择标准,无论其他性状表现多好,也要被淘汰。这种选择的方法优点是考虑了多个性状同时进行选择,比较节省时间,但缺点是容易将有些性状特别突出、个别性状没有达标的个体淘汰,而将那些所制订的几个性状指标刚刚够格,但并无突出优点的个体选留作种。因为在一个较小的兔群里,几个性状全面优秀的个体总是少数,选择的性状越多,数量越少,而往往选留下来的是各个性状都表现中等的个体。

(3)综合选择指数法 把几个性状的表型值,根据其遗传力、经济重要性以及性状间的表型相关和遗传相关,进行适当的加权

而制订一个指数,再根据每个个体指数的高低选择种兔。在性状间不存在相关或不考虑性状间的相关时,综合选择指数公式如下:

$$I = \sum_{I=1}^{n} \frac{W_i h_i^2 P_i 100}{P_i \sum W_i h_i^2}$$

式中,$\sum_{I=1}^{n}$ 为从第一个性状到第几个性状的累加;W_i 为各性状的经济重要性;

根据市场价格和该性状在育种中的重要性来决定加权值的大小;h_i^2 为各性状的遗传力;W_i 为各性状的群体平均值;P_i 为各性状的观测值;$\sum W_i h_i^2$ 为各性状的经济重要性和性状遗传力的乘积和。为了便于比较,把各个性状的兔群平均数定为100。

例如,某獭兔繁殖场要制订一个后备獭兔的选择指数公式,将3月龄体重、被毛密度和断奶同胞数3个性状作为主要衡量标准。设定有关数据见表4-2。

表 4-2　某獭兔繁育场后备兔主选性状参数

性　状	P_i	h_i^2	W_i
3月龄体重(千克)	2.25	0.39	0.40
被毛密度(万根)	13.5	0.30	0.35
断奶同胞数(只)	6.4	0.19	0.25

根据表中有关数据制订综合选择指数:

$$\sum W_i h_i^2 = 0.40 \times 0.39 + 0.35 \times 0.30 + 0.25 \times 0.19 = 0.3085$$

$$I = \sum_{I=1}^{n} \frac{W_i h_i^2 P_i 100}{P_i \sum W_i h_i^2} = \frac{0.40 \times 0.39 \times 100}{0.3085 \times 2.25} P_1 +$$

$$\frac{0.35 \times 0.30 \times 100}{0.3085 \times 13.5} P_2 + \frac{0.25 \times 0.19 \times 100}{0.3085 \times 6.4} P_3$$

化简后得指数方程:

$$I = 22.47P_1 + 2.52P_2 + 2.41P_3$$

在具体的选择中,将被选后备兔的有关数据代入该指数方程,

就可得到每个个体的具体数值,然后按指数的高低排列,根据所留种数量决定哪些后备兔选为种用。举例说明:

该獭兔繁育场有后备公兔若干只,经过初选后有 5 只参加二选,计划从中选留 3 只作为种兔,它们的性能分别列入表 4-3。

表 4-3　某獭兔繁育场后备兔主选性状性能登记

兔　别	3 月龄体重(千克)	被毛密度(万根)	断奶同胞数(只)
1 号	2.51	12.56	5.8
2 号	2.26	11.90	6.6
3 号	2.25	13.88	6.5
4 号	2.81	14.23	7.1
5 号	2.48	13.25	7.4

将以上数据分别代入指数公式:

$I_1 = 22.47 \times 2.51 + 2.52 \times 12.56 + 2.41 \times 5.8 = 102.03$

$I_2 = 22.47 \times 2.26 + 2.52 \times 11.90 + 2.41 \times 6.6 = 96.68$

$I_3 = 22.47 \times 2.25 + 2.52 \times 13.88 + 2.41 \times 6.5 = 97.45$

$I_4 = 22.47 \times 2.81 + 2.52 \times 14.23 + 2.41 \times 7.1 = 116.11$

$I_5 = 22.47 \times 2.48 + 2.52 \times 13.25 + 2.41 \times 7.4 = 106.95$

根据以上结果,4 号、5 号和 1 号公兔入选。

选择指数法是目前比较先进而实用的选种方法,在目前家畜育种中被广泛应用。在采用此方法选种时应注意以下问题:①要突出主要的经济性状。我们希望通过选种将被选群体的所有性状都得到改善,但是,限于种种条件,任何选种方法不可能将所有的性状一次性解决。选择的性状越多,对于每个性状的遗传改进量越小。因此,在育种生产中,一个指数中包括 2~3 个性状为宜。②应该选择容易度量的性状,以便于操作。獭兔的综合选择指数最好选择日增重或体重、饲料利用率、产仔数、仔兔断奶成活率、断奶窝重。獭兔的被毛密度是重要的经济性状,但是生产中一般很难测定,可参考间接测定法。③对于一些限性性状,如种母兔没有乳头、产仔和泌乳性能,种公兔没有射精量、精液品质和配种受胎能力等,但是它们对这些限性性状同样有遗传影响效应,因此在选择中是不可忽视的。对此,可参考同胞性能,即将其同胞(全同胞或半同胞均可,但要同条件对比)的成绩纳入指数法。④尽可能利用早期性状,以便早期做出选择,缩短世代间隔,加速遗传改良速度。⑤对于反向选择的性状,如饲料利用率,希望每千克增重消耗的饲料越少越好,达到 2.5 千克体重的日龄越短越好,加权系数可用负号表示。

(4)综合评分法　将獭兔选种目标划分为几个性状,将性状的不同表现分别给予不同的分值,将不同性状的分值进行累加,以得出所被评定种兔的最终分数。然后根据分数的多少决定是否选留。

在实践中,笔者制定了獭兔的综合评分表和标准(表 4-4)。

(5)提高选种效果的途径　要做到早选、选准、选好,3 个方面是统一的,不可分割。

①早选　提早选出品质优良的种兔,特别是种公兔,对于加速遗传改良速度和降低养殖成本有重大意义。采取个体表型选择(对遗传力较高的性状)、系谱测验、同胞测验等方法代替传统的后裔测定,可提前对种兔进行选择;根据性状间的表型相关,对早期性状的测定而做出种兔种用价值的评定。如 3 月龄体重与成年体重的相关;3 月龄的被毛密度与成年被毛密度的相关;乳头数与产仔数和泌乳力的相关等;也可以采取间接选择方法,特别是近年来对家畜生理生化指标的测定,研究如血型、血清蛋白、抗体或某些免疫细胞含量与重要经济性状的关系,进行早期选择是很有希望的。

表 4-4 獭兔种兔选种简化评分表

级别	指标	评分	备注
体重	3.75～4.0(2.5、3.5)千克	30	1. 体重:指8(3、5)月龄兔。早晨空腹称重
	3.5～3.74(2.0、3.0)千克	25	2. 标准体型:圆头、短颈、宽胸、方体、粗腿、厚脚毛;合格体型:以上6点1～2处达不到标准;较差:3处不标准。但允许母兔头较长,体躯偏长,颈下有小肉髯
	3～3.4(2.0、2.75)千克	20	
体型	标准	20	
	合格	15	3. 被毛密度:用游标卡尺测定背部中央被毛1厘米的厚度(毫米)×1.3,即为被毛根数
	稍差	10	
被毛	≥2.0万根	30	4. 被毛长度1.8～2.2厘米为标准。过长过低都要扣分
密度	≥1.7万根	25	5. 被毛平整度:粗毛率低于5%,全身被毛平整为平;被毛有2处以内为不平,粗毛率低于6%为较平;粗毛率大于6%,有三处不平为较差
	≥1.3万根	20	
被毛	1.8～2.2厘米	20	
长度	1.6～1.79厘米	15	6. 总评:一等总分在90分以上;二等,85分以上;三等,70分以上。低于70分不能留种
被毛	平	20	
平整度	较平	15	
	较差	10	

扬州大学吴信生等对8个肉兔品种(组合)血浆碱性磷酸酶(AKP)活性进行测定,发现品种(组合)间存在明显差异,并对其与100日龄体重、平均日增重、料肉比的关系进行了初步探讨,结果见表4-5。

表 4-5　肉兔不同品种（组合）血浆 AKP 活性与
100 日龄体重、日增重、料肉比关系

品种或组合	N	AKP	100 日龄体重	日增重	料肉比
齐卡兔（G 系）	6	17.98 ± 7.63^a	0.5272	0.5155	−0.2508
新西兰白兔	17	12.34 ± 4.44^b	0.4111	0.4297	−0.2895
加利福尼亚兔	22	11.38 ± 4.49^b	0.3351	0.3385	−0.3622
布列塔尼亚（A 系）	25	16.07 ± 6.75^a	0.3075	0.1605	−0.3514
布×新	21	14.25 ± 3.50^{ab}	0.5087*	0.5050	−0.4194
布×加	18	10.93 ± 2.32^b	0.4761	0.5591	−0.0183
齐×加	17	13.99 ± 3.69^{ab}	0.4107	0.3509	−0.186+2
齐×新	25	16.06 ± 4.12^a	0.7094**	0.6528	−0.2837
总样本	151	14.12 ± 4.62	0.4172*	0.4338	−0.1217

　　由上表可以看出，在 8 个品种（或组合）中，血浆 AKP 活性与100 日龄体重、平均日增重均呈正相关，其中齐×加、布×新血浆 AKP 活性与 100 日龄体重相关分别达到极显著（$P<0.01$）和显著（$P<0.05$）水平，其他品种（或组合）相关不显著。齐×加、布×新血浆 AKP 活性与日增重相关均达显著水平（$P<0.05$），其他品种（或组合）相关不显著。8 个品种（或组合）血浆 AKP 活性与料肉比均呈负相关，但相关不显著。总体样本血浆 AKP 活性与 100日龄体重、平均日增重呈正相关，且相关极显著（$P<0.01$），与料肉比呈负相关，相关不显著。根据以上结果得知，生长速度快的品种（或组合）及其个体，血浆中的 AKP 水平较高。以此可以作为肉兔早期选种的重要参考依据，同样可以用在獭兔的育种中。

　　②选准　早选固然好，但更重要的是选准。要做到选准，必须具有明确的选种目标；熟悉兔群状况；保证条件的一致性。因为环境条件对兔子的生产性能有很大影响，如以 3 月龄体重为主选性状，将不同营养条件、不同生产季节和不同产仔数量的个体进行对

比,就不会得出科学的结论。利用留种率选种法、同期同龄同条件对比法、育种值估测等方法可以消除表型值中的环境影响。有时对资料作适当的校正;选准必须具有齐全的资料和精确的记录;要有正确的方法和健全的制度。

③选好 即选出更好的种兔。首先要创造优秀个体和发现优秀个体。创造优秀个体的方法是加强选配,实行群选和单选相结合;选种的范围要大,在一个较小的范围内选出优秀个体比在一个较大的群体里要难得多。推广人工授精技术,可以提高群体的生产水平,为更好地选好种兔奠定了基础。

二、选 配

选配是一种交配制度,可分为个体选配和种群选配两大类。个体选配只要考虑配偶双方的品质与亲缘关系;种群选配则主要考虑配偶双方所属种群的特性,以及它们的异同在后代中可能产生的作用。

(一)个体选配

1. 同型选配 即基因型相同的个体之间交配称为同型选配。例如,针对毛色来说,白色獭兔是白化基因 cc 纯合的结果,那么白兔配白兔就是一种同型选配,应全部产生白色后代。香槟银兔的基因型为 SiSiaa,同型选配可确保后代均为此基因型,保持深石青的"银化"毛色。

2. 同质选配 就是选用性状相同、性能表现一致,或育种值相似的优秀种兔相互交配,以期获得相似的优秀后代。用通俗的话说,就是好的配好的,产生好的。例如,体型大的配体型大的,生长快的配生长快的,被毛密度高的公母兔相互交配,粗毛率低的种兔之间的结合等。

3. 异质选配 性状不同,生产性能不一致的种兔之间的选配称为异质选配。按用途可分为 2 种情况。

第一种,综合优点的异质选配。将具有不同优异性状的优秀公、母兔配对,以期将两者的优异性状结合在一起,从而获得兼具双亲不同优点的后代。例如,将体型大的种兔与被毛密度高的种兔交配,以期获得皮张面积大、被毛密度高的后代;将早期生长速度快的公兔与繁殖力高的母兔交配,以期获得兼具生长和繁殖2个优点的后代等。

第二种,以优改良的异质选配,即使同一性状优劣程度不同的公、母兔交配,使后代在这一性状上获得较大的改进和提高。这种选配实际上是一种改良选配。獭兔配种中所采取的等级选配即属于这种情况。

异质选配的作用是综合双亲的优良性状,丰富后代的遗传基础,创造新的类型,并提高后代的适应性和生活力。因此,当兔群处于停滞状态时,或在品种培育的初期,为了通过性状的重组,获得理想个体,需要采用异质选配。

同质选配和异质选配是相对的。可能在某些方面是同质选配,而在其他方面是异质。例如,用一只体型大、被毛密度高的公兔与一只被毛密度大而体型中等的母兔交配。对于被毛密度而言,是同质选配,而对于体型来说则为异质选配。在实践中,同质选配和异质选配是不能截然分开的。长期同质选配能增加兔群中遗传稳定性的优良个体,为异质选配提供良好的基础;而异质选配的后代群体,应及时转入同质选配,使获得的性状得以稳定。因此,二者密切配合,交替使用,才能不断提高和巩固整个兔群的品质。

4. 亲缘选配　考虑交配双方亲缘关系远近的选配称为亲缘选配。如交配双方有亲缘关系,就称为近亲交配,简称近交;反之叫非亲缘交配,更确切地说称为远亲交配,简称远交。生产中一般将7代以内有亲缘关系的交配称为近交,超过7代,其共同祖先的影响很小,称为非近交。

近交的程度以近交系数来表示,其计算方法是:

$$F_x = \sum [(1/2)^n (1 + F_A)]$$

式中:F_x 为个体的近交系数

n——自父亲经过共同祖先到母亲的通经线上的个体数

F_A——共同祖先本身的近交系数,如果不是近交体则为零

$\sum$——共同祖先不止 1 个时分别计算来自每一个共同祖先的近交系数,然后相加

根据近交系数判断近交程度:

嫡亲交配:$F_x = 0.125 \sim 0.25$

近亲交配:$F_x = 0.031\,25 \sim 0.125$

中亲交配:$F_x = 0.007\,8 \sim 0.031\,25$

远亲交配:$F_x = 0.002 \sim 0.007\,8$

亲子交配、全同胞、半同胞、祖孙和叔侄交配,其近交系数都在 0.125 以上(即 12.5％以上),称为嫡亲交配;堂兄妹、半叔侄、曾祖孙、半堂兄弟和半堂祖孙交配,称为近亲交配,它们的近交系数都在 3.125％以上;而半堂叔侄、半堂曾祖孙、远堂兄妹等之间的交配,称为中亲交配,它们的近交系数都在 0.78％以上。

近交的遗传效应是使基因纯合,提高兔群的纯度,可使优良的基因尽快地固定下来。近交还能增加隐性有害基因纯合的机会,利用隐性基因型和表现型一致的特点,便于识别和淘汰这些不良个体。近亲繁殖是育种工作中一种重要的手段,使用得当,可以加快遗传进展,迅速扩大优良种兔群的数量,但是使用不当,会出现近交衰退现象。

为了避免近交造成的不良后果,一般近交仅限于品种或品系培育时使用,商品兔场和繁殖场都不宜采用。采用近交时,必须同时注重选择和淘汰,保证良好的营养条件、环境条件和卫生条件,以减缓或抵消近交的不良后果。在兔群中适当增加公兔数量,以冲淡和疏远太近的亲缘关系,至少保持 10 个以上有较远亲缘关系

的家系。

(二)种群选配

种群选配分为 2 种情况,一是纯繁;二是杂交。

1. 纯繁 纯繁就是同种群选配,选择相同种群的个体进行配种,即纯种繁育。纯繁具有 2 个作用:一是可巩固遗传性,使种群固有的优良品质得以长期保持,并迅速增加同类型优良个体的数量;二是提高现有品质,使种群水平不断稳步上升。平时我们所进行的獭兔繁育基本上都属于这一范畴。

2. 杂交 杂交就是异种群选配,其作用有二:一是使基因和性状重新组合,使原来不在一个群体中的基因集中到一个群体来,使原来分别在不同种群个体身上表现的性状集中到同一个体上来;二是产生杂种优势,即杂交产生的后代在生活力、适应性、抗逆性以及生产性能等诸方面都比纯种有所提高。

由于杂交产生的后代的基因型是杂合子,遗传基础很不稳定,所以一般不能作为种兔使用。但是杂种具有很多的新变异,有利于选择,又具有较大的适应范围,有助于培育,因而是良好的育种材料。再则,杂交有时还能起到改良作用,能迅速提高低产种兔的生产性能。因此,杂交在獭兔生产中同样具有重要地位。

按照杂交双方种群关系的远近,杂交可分为系间杂交、品种间杂交、种间杂交等;按照杂交的目的可分为经济杂交、引入杂交、改良杂交和育成杂交等。经济杂交的目的是利用杂种优势,提高獭兔的经济利用价值。引入杂交的目的是引入少量外血,以加速改良本品种的个别缺点。改良杂交的目的是利用经济价值高的品种,改良经济价值低的品种,提高生产性能或改变生产方向。如利用优良的獭兔品种杂交改良肉兔品种,连续几代后使其改变生产方向,以肉用变为皮用或以皮为主,皮肉兼用。育成杂交的目的是育成一个新品种。按照杂交的方式又可分为简单杂交(2 个种群的个体仅杂交 1 次)、级进杂交(2 个品种杂交得到的杂一代再连代与其中 1 个品种进行回交)、复杂杂交(3 个或 3 个以上的品种参加的杂交)、轮回杂交(不同种群的个体相配,在杂种中留部分母兔与参加杂交的其中之一或另一种群的公兔交配,以后各代以参加杂交的种群公兔轮流与杂交母兔交配)、双杂交(两种简单杂交的杂种再相互交配)等。

(三)选配计划的制定

1. 选配原则 一是要根据育种目标综合考虑相配个体的品质和亲缘关系、个体所隶属的种群对它们后代的作用和影响等;二是要选择亲和力好的个体、组合和种群;三是公兔的等级要高于母兔。在兔群中公兔负有带动和改进整个兔群的作用,而且数量少,因此,其等级和质量都要高于母兔;四是不要任意近交。近交只宜控制在育种群必要的时候使用,它是一种局部而又短期内采用的方法。在一般繁殖群,非近交则是一种普遍而又长期使用的方法;五是搞好同质选配。优秀的种兔一般都应进行同质选配,在后代中巩固其优良品质。

2. 选配准备 选配工作做得如何,取决于对种兔群体整体状况的了解和资料的分析。一要了解兔群的基本情况,分析其主要优点和缺点,明确改进的方向,并对兔群进行普遍鉴定;二要分析以往交配结果,凡是效果好的组合,不仅要继续进行,即"重复选配",而且要将同品质的母兔与这只公兔或其同胞交配;三要分析即将参加配种的公、母兔的系谱和个体品质,明确其优点和缺点,以便有的放矢选择与配异性种兔。

3. 拟订方案 选配方案即选配计划,一般应包括每只种公兔和与配母兔的耳号及品质说明、选配目的、选配原则、亲缘关系、选配方法和预期效果等。

选配方法分 2 大类:个体选配和等级选配。对于核心群来说,应采取个体选配,对每只种兔逐只分析后确定与配个体;对于生产群来说,将种母兔按照特点分成几个群,并针对其特点选用对应的一些种公兔,采取随机交配,但避开近交。

第四节 獭兔的屠宰取皮及
兔皮的质量标准

一、兔皮质量判断标准

獭兔皮张质量评定包括被毛密度、被毛细度、粗毛率、毛纤维长度、被毛平整度、被毛色泽、被毛附着度(即被毛在皮板上附着的牢固程度)、皮张质地和皮张面积等。

(一)被毛密度

是指单位体表毛纤维的数量,是獭兔被毛品质的最重要的指标之一。单位为根/平方厘米。由于獭兔是皮用兔,被毛的密度越高越好。獭兔体表不同部位被毛密度不同。根据笔者测定,以臀部最高,腹部最低,背中部和体侧中部具有典型的代表性;不同月龄獭兔的被毛密度不同,一般是随着月龄的增加被毛密度逐渐增大,至5月龄达到高峰,此后毛纤维分化基本结束,但由于体重还在增长,体表面积同时增大,因而被毛密度有所下降。

被毛密度的测定方法没有统一的规定,笔者尝试多种方法,最后筛选出被毛密度活体测定技术。即以工业用游标卡尺,准确固定1厘米的卡口宽度,从被测兔脊柱后部往前插入毛丛至背中部,然后推动卡尺,使两个卡臂卡住里面的被毛(松紧适度),然后读出被测被毛的厚度数值(毫米)。在表4-6中查系数相乘,即得出该兔子的被毛密度。此系数表适合美系獭兔,其他獭兔可以参考或校正。

表 4-6 獭兔被毛密度系数

季 节	冬 季		夏 季	
月 龄	活 体	皮 面	活 体	皮 面
1	11800	10700	10900	9900
2	12700	11600	11700	10700
3	14100	12800	13200	12000
4	14100	12800	13400	11200
5	14200	12900	14400	13100
6	13300	12100	13000	12500

根据表 4-6 和所测獭兔 1 厘米宽度被毛的厚度（毫米），即可计算该兔的被毛密度。例如，一獭兔 5 月龄夏季活体背部 1 厘米被毛的厚度为 1.1 毫米，那么，它的被毛密度为 $1.1 \times 14\ 400 = 15\ 840$（根/平方厘米）。

（二）被毛细度

是指獭兔毛纤维的平均直径，以微米表示。测定方法是在体表的代表区域（根据笔者研究，背中部和体侧中部具有较强的代表性）剪掉被毛一小撮，以手术剪将毛纤维剪碎成若干段，置于载玻片上，以少量甘油调匀并摊平，压上盖片，在显微镜下借助显微镜测微尺在 400～600 倍镜下测定毛纤维的直径，每个样品测定50～100 个，取其平均数。根据笔者测定，美系獭兔的被毛细度见表 4-7。

表 4-7　獭兔被毛纤维细度统计表　（单位：微米）

季节	冬季						夏季					
月龄	背部	体侧	腹部	臀部	肩胛	平均	背部	体侧	腹部	臀部	肩胛	平均
1	15.53	16.15	15.34	14.95	14.97	15.39	15.97	15.00	16.15	14.71	16.17	15.59
2	15.81	16.53	17.92	163.2	15.07	16.33	15.09	15.17	16.04	14.94	15.58	15.38
3	16.52	15.77	16.45	14.53	17.63	16.18	15.05	15.38	16.41	14.79	15.25	15.41
4	16.75	17.18	17.13	17.01	20.23	17.66	15.13	16.57	16.28	17.40	16.25	
5	16.70	17.32	18.37	16.84	19.89	17.82	16.84	16.15	16.95	15.48	14.79	16.04
6	16.62	17.44	19.41	16.67	19.54	17.94	15.97	16.04	16.02	15.78	15.81	15.92
平均	16.32	16.73	17.44	16.05	17.91	16.89	15.67	15.60	16.37	15.36	15.85	15.77

　　从表 4-7 中可以看出，獭兔在不同月龄、季节和部位的毛纤维细度有所不同。就月龄来说，随着月龄的增加，毛纤维直径逐渐增加；不同部位的差距较大，以腹部最大，臀部最小，与被毛的密度呈反比；冬季和夏季毛纤维细度差异显著（$P < 0.05$），冬季较夏季的直径大。无论月龄或季节，背中和体侧有较强的代表性。

　　（三）粗 毛 率

　　是指獭兔被毛纤维中粗毛所占的比例。具体测定方法是在体表取样一小撮，在纤维测定板上分别计算绒毛和枪毛的数量，计数的毛纤维总数不应低于 500 根，最后计算枪毛占所测定被毛总数的百分率。不同月龄和不同部位被毛纤维的粗毛率不同，笔者测定的美系獭兔毛纤维粗毛率见表 4-8。

　　研究表明，不同部位粗毛率差异较大，以腹部最高，臀部最低（$P < 0.01$），这与被毛密度恰恰相反；季节之间稍有差别，但差异不显著（$P > 0.05$），冬季略高一些，这可能与仔兔的出生月份有关。即夏季出生粗毛率高，而冬季出生则低；在月龄方面，1 月龄、2 月龄、3 月龄的幼兔粗毛率较高，4 月龄最低，此后有所增加。

表 4-8　不同月龄、部位和不同季节被毛粗毛率　（％）

季节	冬　季						夏　季					
月龄	背部	体侧	腹部	臀部	肩胛	平均	背部	体侧	腹部	臀部	肩胛	平均
1	5.99	4.95	6.43	5.97	4.03	5.47	5.94	4.65	7.29	5.69	7.15	6.14
2	6.17	5.50	7.13	6.41	6.11	6.26	6.23	6.62	11.61	6.22	6.89	7.51
3	6.25	6.66	9.36	4.06	7.11	6.69	5.18	4.32	6.15	4.22	4.70	4.91
4	4.18	4.61	6.76	3.77	4.87	4.84	4.43	4.51	4.51	3.70	4.22	4.27
5	4.59	4.33	7.83	3.99	5.07	5.16	4.18	4.93	7.67	3.37	4.64	4.96
6	5.00	3.99	8.90	4.20	5.26	5.47	3.35	3.30	6.00	3.99	4.16	4.16
平均	5.36	5.00	7.73	4.74	5.36	5.64	4.89	4.72	7.21	4.53	5.29	5.33

（四）毛纤维长度

将獭兔被毛拔下一小撮，用钢板尺测定每根毛纤维的长度，测定数量应在 50 根以上，取其平均数。根据笔者测定，美系獭兔毛纤维的平均长度为 1.68 厘米，基本上是身体的前部稍短，往后逐渐变长，即背部长于肩部，臀部长于背部。

不同用途的兔皮对毛纤维长度的要求不同。近年来毛纤维长的受欢迎，而且通过剪绒技术，长毛可以变成短毛。但是，无论如何，短毛不能变成长毛。因此，獭兔的被毛长度最好在 1.8～2.2 厘米。

（五）被毛平整度

指全身的被毛长度是否一致。准确测定可将体表分成几个部分，取毛样测定毛长，观察不同部位被毛的平整程度。生产中一般通过肉眼观察，看被毛是否有高低不平之处，是否有外露的枪毛等。

（六）被毛色泽

一看獭兔被毛的颜色是否符合标准毛色品系，即毛色纯正不纯正;二看被毛的营养状况,是光滑还是粗糙。凡是被毛不光滑,发污,说明獭兔的营养状况不好或被毛受到一些理化因素的影响。这样,对毛纤维的质量产生一定的影响。

(七)被毛弹性

是鉴定被毛丰厚程度的一项指标。用手逆毛方向由后向前抚摸,如果被毛立即恢复原状,说明被毛丰厚,密度较大,弹性强;否则,被毛竖起,或倒向另一侧,说明绒毛不足,弹性差。

(八)被毛附着度

是指被毛在皮板上的附着程度,是否容易掉毛。简单的测定方法:看是否有半脱落的被毛,与其他被毛明显长一截;抖,左手抓前部,右手握后部并抖动,看是否有被抖落的毛纤维;抚,即用手逆毛方向由后向前抚摸,观察是否有被弹出脱落的毛纤维;拔用右手拇指和食指轻轻在被毛上均匀取样拔毛,观察被毛脱落情况。

(九)皮张面积

是指兔皮的长和宽的乘积,单位为平方厘米。具体方法是以直尺或钢卷尺测定,长度是从颈中部至尾根的长度,宽度是皮张中部的尺寸。兔皮的面积越大越好,一般要求一等皮的面积应在1 100 平方厘米以上。但是,皮张面积一般是屠宰晾干后测定的,而活体多大重量才能达到合乎要求的皮张面积,也就是说,皮张面积与活体体重的关系如何? 笔者研究了它们的相关关系:

$$S = W^{0.75} / (A + 0.000\,02W)$$

式中:S——皮张面积,单位为平方厘米

$W^{0.75}$——代谢体重,即体重的 0.75 次方

A——常数。冬季 0.28,夏季 0.27

W——体重

经符合率测定,夏季符合率达到 95.22%,冬季符合率达到95.35%。

由此,得出獭兔体重与皮板面积关系表(表 4-9)。根据表 4-9

可用獭兔体重推算其皮板面积；或规定皮张的理想面积进而推算所需要的最低体重及什么时间屠宰最适宜。欲使皮板达到一级皮的面积，冬季体重应在 2 650 克以上，而夏季则达到 2 550 克即可。

表 4-9　獭兔体重与皮板面积关系表　　（平方厘米/千克体重）

体　重	代谢体重	皮张面积		体　重	代谢体重	皮张面积	
		冬　皮	夏　皮			冬　皮	夏　皮
1500	241.03	777.5	803.43	2700	374.56	1121.44	1156.05
1600	252.98	810.84	837.69	2800	384.92	1145.59	1180.73
1700	264.75	843.15	870.89	2900	395.18	1169.18	1204.83
1800	276.35	874.52	903.09	3000	405.36	1192.24	1228.36
1900	287.78	904.98	934.36	3100	415.45	1214.77	1251.36
2000	299.07	934.59	964.74	3200	425.46	1236.81	1273.84
2100	310.22	963.40	994.28	3300	435.40	1258.37	1295.82
2200	321.31	991.45	1023.03	3400	445.26	1279.47	1317.32
2300	332.12	1018.77	1051.01	3500	455.04	1300.12	1338.36
2400	342.89	1045.41	1078.28	3600	464.76	1320.34	1358.94
2500	353.55	1071.37	1104.85	3700	474.41	1340.13	1379.09
2550	358.84	1084.12	1117.89	3800	483.99	1359.53	1398.82
2600	364.11	1096.71	1130.77	3900	493.51	1378.53	1418.14
2650	369.35	1109.15	1143.49	4000	502.97	1397.15	1437.07

（十）皮张质地和皮张厚度

皮张质地是指皮张毛面有无污染，皮面是否洁白、致密，有无残肉和结缔组织附着，厚薄是否均匀，皮张是否具有弹性和韧性等；皮板厚度是指獭兔皮张纵截面厚度。厚度与皮张的结实程度有关，过薄的皮张韧性小，在鞣制和加工过程中容易损坏，使用的寿命短。因此，兔皮必须有一定的厚度。据笔者研究，兔皮的厚度与月龄、季节、体重和和性别有关。随着月龄的增加而增厚,冬季比夏季厚,公兔比母兔的皮板厚。

二、活体验毛技术

獭兔的价值主要取决于皮毛,正如上面所述,被毛密度、长度、均匀度(换毛是否完全是主要因素)、皮张面积和皮毛的成熟度。由于獭兔具有年龄性换毛和季节性换毛,在换毛期不可屠宰取皮。对于商品獭兔而言主要是年龄性换毛(成年淘汰兔在季节性换毛期间不可取皮)。怎样才能知道是否已经换毛,或换毛程度如何,对于饲养獭兔的人而言,必须掌握活体验毛技术。

(一)换毛规律

獭兔有年龄性换毛和季节性换毛。年龄性换毛是指小兔尚未到达成年之前的换毛。季节性换毛是指成年家兔的每年 2 次(春季和秋季)的换毛。

1. 年龄性换毛 小兔出生之后逐渐长出茸毛,约 1 个月龄基本完成,此称为胎毛,软而稀疏。此后至 3 月龄期间进行 1 次被毛的脱换。第一次换毛之后,被毛再次进行更新,在 5.5～6 月龄完成,形成成熟的被毛(毛和皮板均达到成熟)。此时的被毛更加浓密丰厚,富有弹性,可作为合格的商品兔皮。

2. 季节性换毛 进入成年之后,被毛伴随着季节光照周期的变化而进行有规律地脱换,分别在每年的春季和秋季。由于我国南北经度、纬度差距悬殊,换毛的时间有一定差异。基本上是春季 4～5 月份,秋季 8～10 月份。

3. 换毛顺序 獭兔的换毛按照一定的顺序进行。一般是由头颈部开始,从前向后、从上向下逐渐进行,呈现涟漪状推进。约在腹中线处汇合,宣告换毛结束。在新旧被毛的交界处,往往形成一个比较明显的换毛带,已经更换的新毛光亮略短,附着结实。而陈旧的被毛颜色污秽略长,附着不牢,容易脱落。

4. 影响因素　人们对换毛的认识还不统一，原因是影响因素很多，如品种、个体、地域、光照、疾病、营养、温度、管理方式等。特别是个体之间有较大差异。有的速度较快，有的较慢；有的规律性很强，有的规律性较差，包括起始点和汇合点；有的换好后成为漂亮的被毛，有的结束后局部仍然高低不平。有些是遗传引起的，有的与环境有关。其影响因素复杂，仍需要深入研究。

(二)活体验毛

掌握换毛规律，适时屠宰取皮，是获得较高经济效益的保障。否则，过早或过晚取皮，均严重影响皮张质量和养殖效益。

根据以上被毛脱换规律和特点，进行被毛脱换阶段的准确判断，是每一位獭兔养殖者应掌握的技术。一般操作如下：一手抓住被验兔的耳朵和颈部皮肤，垂着提起。另一手顺毛从上到下抚摸被毛，然后再逆方向抚摸，仔细寻找"换毛带"。如果全身被毛一致，没有明显的换毛带，说明换毛结束。

有规律的换毛很容易判断换毛是否结束，要注意那些规律性换毛的个体，往往在局部出现一片没有换好的被毛。被毛没有换好而屠宰的兔皮被称为盖皮，其使用价值受到严重影响。

三、商品獭兔的屠宰方法

(一)宰前准备

为了保证兔皮和兔肉的品质，对候宰兔必须做好宰前检查、宰前饲养和宰前断食等工作。

1. 宰前检查　候宰兔必须体况健康。做详细的临床检查，经诊断确属健康者，方可进行宰前饲养。

2. 宰前饲养　候宰兔经兽医检疫人员检查后可按产地、强弱等情况分群、分栏饲养，饲料应以精饲料为主，青饲料为辅。宰前限制獭兔运动，以保证休息，解除运输途中产生的疲劳和刺激，提高产品质量。

3. 宰前断食　宰前断食 8 小时,只供给充足的饮水。

(二)处死方法

獭兔处死的方法很多,常用的有颈部移位法、棒击法和电麻法等。

1. 颈部移位法　在农村分散饲养或家庭屠宰加工的情况下,最简单而有效的处死方法是颈部移位法。术者用左手抓住兔后肢,右手握住头部,将兔身拉直,使头部向后扭转,突然用力一拉,兔子因颈椎错位而死。

2. 棒击法　用左手紧握兔的两后肢,使头部下垂,用木棒或铁棒猛击其延髓部,使其昏厥后屠宰剥皮。

3. 电麻法　用电压为 40～70 伏、电流为 0.75 安的电麻器轻压耳根部,使獭兔触电致死。此方法安全迅速,被杀兔子的痛苦小,对屠体没有不良影响,为规范屠宰场广泛采用的处死方法。

(三)剥皮技术

兔子处死后应立即剥皮。剥皮方法有两种:

1. 套剥法　先将家兔的一后肢倒挂,使头部朝下。然后将四肢中段的皮肤环形剪开切口,在阴部上方开一小口,再沿两后肢内侧中线将皮肤剪开,挑至两后肢跗关节处,再逐渐剥离腿部皮肤,自阴部上方剥开皮肤 3 厘米左右,翻转,使皮板朝外,毛朝内,然后两手握住皮板,均衡向下拉扯至头部,使皮肉分离。嘴部、眼部、耳部等天然孔要小心剥离,保持外形完整。用这种方法剥皮,兔毛不易黏在肉尸上。

注意点:在剥皮退套时不要损伤毛皮,不要挑破腿肌或撕裂胸腹肌。

2. 平剥法　将家兔放在平台上,使腹部朝上,在四肢中段将皮肤环形剪开切口,然后在腹部开一小口,沿腹中线将皮肤纵向切开,逐渐剥离即可。

(四)放　血

为了防止兔皮受到污染,应先剥皮后放血。习惯上采用颈部放血法,即将剥皮后的兔体挂起,割断颈部的血管,放血时间3~4分钟即可。如果放血时间短,放血不全,影响兔肉品质。放血充分的胴体,肉质鲜嫩,色泽美观,含水量少,容易贮存,熟制后腥味淡;放血不全则肉质发红,色暗,含水量高,不易贮存,熟制后味道不佳。

(五)胴体处理

处死、剥皮、放血后的胴体,立即剖腹净膛。先用利刀切开耻骨联合处,分离出泌尿生殖器官和直肠,然后沿腹中线切开腹腔,除保留肾脏外,取出全部内脏。在颈椎处割下兔头,在跗关节处割下下肢,在腕关节处割下前肢,在第一尾椎骨处割下尾巴。最后用清水洗净胴体上的血迹和污物,即可分割或整形包装、冷冻贮藏,或直接销售。

四、原料皮初加工规范

(一)清　理

清理刮脂,通常采用木制刮刀,将贴附在皮板上的油脂刮掉,以便于保存。清理中应注意以下3点:①清理刮脂时应展平皮张,以免刮破皮板。②刮脂时用力应均衡,不宜用力过猛,以免损伤皮板,切断毛根。③刮脂应由臀部向头部顺序进行。

(二)防　腐

鲜皮防腐是毛皮初步加工的关键,防腐的目的在于使生皮形成一种不适于细菌作用的环境。目前常用的防腐方法主要有干燥法、盐腌法和盐干法3种。

1. 干燥法　即通过干燥使鲜皮中的含水量降至12%~16%,以抑制细菌繁殖,达到防腐的目的。具体方法有三:

(1)钉板法　兔皮剥下后,用刀沿腹正中线割开筒皮(不能用剪刀剪,防止剪断被毛),修整掉不整齐的边角,刮去脂肪后就可上板。皮上板时,毛面向板,内面向外,用钉子钉住,先钉颈部再钉尾部,然后用手将皮向两侧伸展贴平再钉两侧的钉子,放在通风处晾干。

(2)"∩"形架法 将剥下的筒皮,肉面向外,套在"∩"形支撑架上(钢丝或竹板制作),放在通风处阴干。

(3)平晾法 将筒皮沿腹正中线切开后,按自然皮形,皮毛朝下,皮板朝上,贴在草席或木板上,用手铺平,呈长方形,放在不受日晒处晾干。不要放在潮湿的地面上或草地上。

鲜皮干燥的最适温度为 20℃～25℃,空气相对湿度 60%～65%。待兔皮充分干燥后,将皮卸下即可。采用干燥法应严防雨淋和被露水浸湿,以免影响皮内水分蒸发速度。若干得过慢,不能抑制细菌的有害作用,会使生皮变质。更不要放在烈日下直晒,因温度过高,干得过快,会使表层变硬,既影响内部水分蒸发,造成皮内干燥不均匀,也会使皮内层蛋白质发生胶化,脂肪熔化扩散到纤维间和肉面上,影响鞣制。干燥法的优点是方法简单,成本低、皮板洁净,便于运输。缺点是只适合干燥地区和干燥季节采用。若干燥不当,易使皮板受害。保管过程中易发生压裂或受昆虫侵害。

2. 盐腌法 应用较为普遍。比干燥法效果更可靠,不仅防腐力强,而且可避免兔皮黏结和断裂,运输、贮藏都方便。分干盐腌法和盐水腌法。

(1)干盐腌法 采用干细盐面处理生皮。进行较大规模处理时,用盐量约为生皮重的 20%,有的还按用盐量添加 1%～1.5%的对氯二苯和 2%～3%的萘。处理时将盐粉和对氯二苯、萘的混合物撒在鲜皮肉面上,皮厚之处应多撒些,并尽量使皮展开。然后在该皮面上铺另一张生皮,做同样处理。堆成 1 米左右高的皮堆,经 1 周时间,兔皮内外盐液浓度即平衡。但夏季温度过高时不宜叠放,应改用干燥法处理。

（2）盐水腌法　将鲜皮肉面附着的肉、脂肪及结缔组织等去掉，然后浸入不低于25％浓度的盐水中，盐水温度应保持15℃，经1昼夜取出，沥水2小时进行堆积，堆积时，再撒上相当于皮重25％的干盐。即利用食盐或盐水处理鲜皮，是防止生皮腐烂最普通、最可靠的方法之一。用盐量一般为皮重的30％～50％，将其均匀撒布于皮面，然后板面对板面堆叠1周左右，使盐溶液逐渐渗入皮内，达到防腐的目的。

腌法防腐的毛皮，皮板多呈灰色，紧实而富有弹性，湿度均匀，适宜长时间保存，不易遭受虫蚀。主要缺点是阴雨天容易回潮，用盐量较多，劳动强度较大。

3. 盐干法　这是盐腌和干燥两种防腐法的结合，即先盐腌后干燥，使原料皮中的水分含量降至20％以下。鲜皮经盐腌，在干燥过程中盐液逐渐浓缩，细菌活动受到抑制，达到防腐的目的。

盐干皮的优点是便于贮藏和运输，遇潮湿天气不易迅速回潮和腐烂；主要缺点是干燥时皮内有盐粒形成，可能降低原料皮的质量。

（三）鲜皮贮藏

生皮易吸潮、易腐、易变质。经防腐处理，晾干后的干皮，应及时检验皮张，按等级、毛色、大小分别毛对毛，板对板、头对头、尾对尾，叠置平放。每50张扎成一捆，装入木箱，并喷撒一定量的杀虫剂入库贮存。库房应干净、通风、干燥、隔热、防潮，如保管不当，一旦回潮、发热、发霉，皮板就会出现白色或绿褐色菌斑，局部变色，以致发紫发黑，板质受损坏。库房最适宜的空气相对湿度为50％～60％，温度最好保持在10℃左右，原皮中的含水量宜保持在12％左右。分级堆垛，淡干板与盐干板分开，垛与垛之间保持一定距离，以利于通风、散热和防潮。皮板上要撒上精萘粉、二氯化苯等防虫剂，每月开仓检查2～3次，发现有潮湿、霉变或虫蛀等现象，应及时处理。兔皮的贮存和保管，还应注意防鼠和人为造成的兔皮破损。

生皮经脱脂、防腐处理后，虽然能耐贮藏，但若贮存保管不当，仍可能发生皮板变质、虫蚀等现象，降低原料皮的质量。因此，在贮存时要注意通风、隔热、防潮、防鼠、防蚁、防虫，应经常翻垛检查，一般每月检查2～3次。

五、獭兔皮等级标准

獭兔皮按照用途不同分为毛领路、服装路、编制路和褥子路4类；按照质量的高低分为特、一、二、三和等外5级，或A、B、C、D4级，或甲、乙、丙、等外4级。等级标准的制定对于指导獭兔生产和规范兔皮的收购行为具有重要意义。

1982年我国商业部制定了兔皮质量标准，此后畜产流通协会制定了我国獭兔皮行业标准，个别企业也制定了企业标准。几个标准各有侧重，对于从事獭兔养殖的广大养殖户以及从事兔皮流通人员均具有参考和指导作用。

（一）商业部制定的皮张质量标准和规格要求

见表4-10。

表4-10　獭兔皮及其他兔皮商业分级标准和规格要求

项　目	家兔皮（土种）	獭兔皮（纯种）	青紫蓝兔皮	山兔皮
甲级皮	毛绒丰厚而平顺，色泽光润，板质良好。全皮面积在800平方厘米以上	板质足壮，绒毛丰厚平顺，毛色纯正，色泽光润，无旋毛（轻度旋毛降1级，严重旋毛降2级），无脱毛、油烧、烟熏、孔洞、破裂。面积在1100平方厘米以上	等级规格可参考土种家兔皮的规格执行。面积在990平方厘米	毛细长，绒毛丰厚，面积在770平方厘米以上

续表 4-10

项 目	家兔皮（土种）	獭兔皮（纯种）	青紫蓝兔皮	山兔皮
乙级皮	毛绒略薄而平顺，或色泽光润，或板质稍次于甲级皮，或具有甲级皮质量而面积在 700 平方厘米以上者	板质良好，绒毛略薄而平顺，毛色统一，无旋毛，或次要部位有轻微脱毛、油烧、烟熏、孔洞、破缝一种者。全面积需与甲级皮同，或具有甲级皮质量，面积在 935 平方厘米以上者	等级规格可参考土种家兔皮的规格执行。面积在 825 平方厘米以上者	毛绒较空疏者；毛丰足而面积较小者；或具有甲级皮质量而带小伤残者
丙级皮	毛绒虽空疏而平顺，或色泽、毛绒、板质稍次于乙级皮者；或具有甲级皮质量而面积在 600 平方厘米以上者	板质良好，绒毛稍空疏，边肋带有 1～2 处伤残，全皮面积与甲级皮同；或具有甲级皮质量，全皮面积须在 770 平方厘米以上者	等级规格可参考土种家兔皮的规格执行。面积在 660 平方厘米以上者	
等级比差	甲级皮为100% 乙级皮为80% 丙级皮为50% 等外皮为25%	100% 80% 50% 25%	100% 80% 50% 25%	100% 60% 25%

（二）中国畜产品流通协会行业标准

见国产獭兔皮行业标准。

国产獭兔皮行业标准

本标准是为适应我国獭兔皮（原名为力克斯兔皮）的生产、经营，维护生产者、经营者以及使用者各方面的利益，结合我国獭兔皮生产、流通的实际而制定的。

本标准由中国畜产品流通协会提出。

本标准由中国畜产品流通协会归口。

本标准负责起草单位：中国畜产品流通协会；参加起草单位：中国皮毛交易网、杭州养兔技术咨询服务中心、万山獭兔开发（北京）有限公司、吉林职业师范学院经济技术学院。

本标准主要起草人：应承业、闫绍武、刘美辰、李玉贤、李茂珍、李永欣。

1 范围

本标准规定了獭兔皮的技术要求、检验方法、检验规则、包装、标志、贮存、运输。

本标准适用于獭兔皮的初加工、收购和销售的质量检验。

2 定义

本标准采用下列定义。

2.1 绒毛丰厚 thick fur

绒毛稠密，手感丰满，光泽好，有弹性，毛面平整。

2.2 绒毛较丰厚 slight heavy fur

绒毛略见丰满，光泽较好，有弹性，毛面平整。

2.3 绒毛略稀疏 underwool slightly loose

绒毛稍显空疏，光泽较弱，毛面欠平整。

2.4 旋毛 curly

局部绒毛倒伏呈旋涡状。

2.5 老板皮 skin from old rabbit

老龄兔的皮，皮板厚硬，板面显粗糙，鞣制时不易鞣透而皮板发硬。

3 技术要求

3.1 加工要求

3.1.1 宰剥适当，去掉头、尾和小腿。

3.1.2 沿腹部中线将皮剖开，刮净油脂、残肉，整形、展平、固定,呈长方形晾干。

3.2　质量要求

3.2.1　等级规格

3.2.1.1　特等:绒毛丰厚、平整、细洁、富有弹性,毛色纯正,光泽油润,无突出的针毛,无旋毛,无损伤,板质良好,厚薄适中,全皮面积在1 400平方厘米以上。

3.2.1.2　一等:绒毛丰厚、平整、细洁、富有弹性,毛色纯正,光泽油润,无突出的针毛,无旋毛,无损伤;板质良好,厚薄适中,全皮面积在1 200平方厘米以上。

3.2.1.3　二等:绒毛较丰富、平整、细洁、有油性,毛色较纯正,板质和面积与一等皮相同;或板质和面积与一等皮相同,在次要部位可带少量突出的针毛;或绒毛与板质与一等皮相同,全皮面积在1 000平方厘米以上;或具有一等皮质量,在次要部位带有小的损伤。

3.2.1.4　三等:绒毛略稀疏,欠平整,板质和面积符合一等皮要求;或绒毛与板质符合一等皮要求,全皮面积为800平方厘米以上;或绒毛与板质符合一等皮要求,在主要部位带有小的损伤,或具有二等皮的质量,在次要部位带有小的损伤。

3.2.2　等内皮的绒毛长度均应达到1.3～2.2厘米。色型之间无比差。

3.2.3　老板皮和不符合等内要求的,列为等外皮。

3.2.4　等级比差:特等为140％;一等为100％;二等为70％;三等为40％。

4　检验方法

4.1　检验工具、设备与条件

4.1.1　工具:米尺。

4.1.2　设备:操作台。

4.1.3　检验场地:干燥、清洁、散射自然光线充足的房间。

4.2　操作方法

4.2.1　绒毛检验：将皮毛面朝上，平放于操作台上，用一只手捺住皮的尾部，用另一手捏住皮的颈部并上下抖动，观察绒毛的颜色、光泽、细洁、密度、毛面平整程度，有无伤残缺损等。然后用捏颈部皮板的手抚摸绒毛，感觉绒毛的密度、厚度、弹性程度以及用口吹绒毛，进一步检查绒毛的密度及伤残等。

4.2.2　绒毛长度检验：在皮的两侧中部适当部位，将绒毛拨开量其长度。

4.2.3　皮板检验：将皮翻转，板面朝上，观察皮形是否完整、有无伤损、油性大小、脂肪与残肉是否除净、板面的颜色等，手感皮板的厚薄、软硬等。

4.2.4　面积测量：用米尺自颈部中间到尾根量出全皮的长度，从能够代表全皮平均宽度的部位（一般为腰间适当部位）量出宽度，长度乘以宽度即为全皮面积。

5　检验规则

5.1　抽样检验：5 件以下（含 5 件）逐张检验，6 件以上的部分随机抽验不少于 20%。

5.2　购销双方按本标准规定进行检验，检验误差为±5%。

5.3　如对检验结果出现异议，则对有异议的部分进行复验。如双方对复验的结果仍存异议，则需双方通过协商解决。

6　包装、贮存、标志、运输

6.1　包装

按照等级将毛面对毛面，板面对板面地码摞，每 50 张用绳打成 1 捆。每 4 捆装于包装袋内为 1 件。

6.2　贮存

库房内存放。库房要清洁、干燥、通风、防虫、防鼠、防潮、防雨。

6.3 标志

每件包装上应挂牢已填写清楚的标签。

6.4 运输

运输工具要清洁,运输过程中要严防雨淋和暴晒。

(三)獭兔皮企业标准

见河北省天龙皮草有限责任公司獭兔皮标准(试行)。

河北省天龙皮草有限责任公司獭兔皮标准(试行)

河北省天龙皮草有限公司,始建于 1987 年 10 月,地处"裘皮之都"的河北省沧州市肃宁中国尚村皮毛工业区,是一个集养殖、生产、加工、服装设计、出口贸易为一体的大型企业,下设肃宁龙威皮草有限公司、龙太养殖场、裘革服装研究所等多个分公司的综合实体。主要产品:裘皮、革皮系列服装;尼克服装;编织服装;各种裘皮制品等。经营:貂、狐狸、貉、獭(家)兔等各种皮毛的购销业务。该公司已经与美国、意大利、日本、韩国、俄罗斯、芬兰、丹麦等十几个国家和中国香港地区建立了良好业务合作关系。为了规范企业收购加工獭兔皮行为,制定了獭兔皮企业标准。其指标较国家和行业标准比较,更加具体和可操作性,可供相关收购加工和养殖企业参考。

一、主要内容与适用范围

本标准规定了獭兔皮的技术要求、检验方法、检验规则、质量规格和贮藏、包装、运输。

本标准适用于獭兔皮的初加工、收购、销售与使用。

二、术 语

1. 被毛 皮板枪毛和绒毛的总称。

2. 皮质(绒面) 绒毛的品质。指绒毛的长度、密度、颜色、平顺、光泽、长短、平、细、密、牢等综合品质。

3. 密度 指獭兔皮肤单位面积内生长的毛纤维根数,优良獭兔毛纤维密度为每平方厘米含毛量在 1.6 万~3.8 万根。

4. 板质 皮板的品质。指皮板的厚度、颜色、韧性、弹性、油性等综合品质。

5. 枪毛 露出绒面的针毛。

6. 旋毛 指毛绒竖立不直,呈有旋涡形毛绒。

7. 尿黄 指在饲养时兔舍卫生不良、被尿液染黄的皮张。此皮在鞣制过程中很难去掉尿渍。

8. 鸡啄皮 指一张很好的皮,却有几处像被鸡啄掉了毛一样。大则 2 平方厘米,小则 0.5 平方厘米。

9. 龟盖皮 根据脱毛情况,背部或腹部出现绒短或绒长现象,称为龟盖皮。

10. 换季皮 换毛未换完的兔皮。指整张皮毛的密度不够或四边毛质的密度不够,还有的出现竖沟缺毛和波纹缺毛现象。

11. 产后皮 指产过仔的母兔皮。腹部尚未长好的或已经长不出毛质的皮张。

12. 亏寸皮 指达不到等级面积要求之外的小皮。

13. 霉腐皮 宰杀后没有及时做防腐处理,致使皮板纤维胶原组织受损,霉烂变质的皮张。

14. 油焦板 是指没有按要求在阴凉处晾干的做法,而是在阳光处暴晒,致使皮板脂肪泛出,皮张纤维受到破坏的皮。

15. 拉伸皮 指宰杀后对皮张的拉力、伸展过大,致使皮毛空疏纤维受到破坏。

16. 折痕皮 表面皮形成断裂条痕,有损皮质。

17. 水伤皮 鲜皮不及时加工,受闷后引起脱毛。

18. 黄板皮 鲜皮加工时连日阴雨,闷热,皮板纤维腐蚀而发黄,有异味,制裘时易脱毛。

19. 夏板皮 夏季宰杀的兔,皮板薄,毛绒稀疏。

20. 陈板皮 指隔年皮、贮存时间过长或不当,皮质枯燥,皮张枯黄。

21. 剜偏皮 指后裆、嘴部开剖不正的皮。

22. 伤残 影响毛质、板质的各种伤残或缺陷。

23. 软伤 毛皮鞣制过程中伤残面积扩大者,如受闷脱毛腐烂,霉变,油烧板等。

24. 硬伤 毛皮鞣制过程中伤残面积不扩大者。如刀伤、擦伤等。

25. 血板皮 指病死或非宰杀致死,皮板出现染红色的淤血斑痕,皮质不好。

26. 透毛皮 板面露出毛根,毛皮在鞣制过程中削匀过重引起。

27. 缠结皮 指皮张局部毛绒缠结在一起,獭兔养殖过程中护理不当或毛皮在鞣制过程中去油不净,使毛绒形成团状。

28. 黏结皮 指毛绒不能直立蓬松,黏在一起,毛皮在鞣制后清洗不够造成。

三、分 类

由于地区差异,造成各地生产的皮张质量不同,大体可分为北方,中原,南方三大区域。

1. 北方獭兔皮 北方獭兔皮基本上以黄河为界,包括东北、西北、河北的北半部。张幅大,皮板肥壮,毛绒面厚平顺。

2. 南方獭兔皮 南方獭兔皮产于浙江、江苏一带,毛绒平齐且较细,板质适中。

3. 中原獭兔皮 中原獭兔皮以四川,河南区域,张幅较小,毛绒平顺且较细,板质薄。

四、加工技术要求

1. 取皮时间 一般在獭兔出生后5~6个月或2.5千克以上(在每年10月下旬至翌年4月底为最佳季节)屠宰取皮。如毛质不齐,可适当延长屠宰时间。

2. 剥皮 倒挂沿后腿部开刀,挑裆要正,用退套的方式翻剥成为皮板朝外,头、腿、尾齐全,抽出尾骨,腿骨在活动关节处断开,四肢翻出外露。

3. 剖皮　从肛门处沿腹部中线至嘴部直线剖开,四肢内侧剖开时不许偏斜。

4. 晾晒　宰杀完毕不能及时制裘的,要展开进行晾晒风干,不准暴晒。

5. 搓盐　对不能及时晾晒的鲜皮,要对皮板进行搓盐处理,盐粒不要太粗,搓揉要全面到位。

五、检验方法

1. 检验工具、设备与条件

A. 工具:市尺(直尺,皮尺)。

B. 设备:操作台。

C. 条件:在阳光不直射,自然光线充足的室内,将皮张展平放在操作台面,进行检验。

D. 灯光:由40W日光灯管4支与台面平行架设,灯管与台面距离为70厘米。

2. 感官检验

A. 光泽,毛色,弹性,旋毛,附着度的检验:毛朝上,左手捏住头部,右手捏住尾部,然后右手上下轻轻抖动皮毛,或将手指插入被毛内,感官检验。

B. 鲜皮检验:用手插入皮筒,用力抖动使其绒毛朝外,双手提起,自上而下,用眼穿视毛绒表面,目测检验。

3. 密度检验

用嘴逆方向吹被毛,兔毛呈旋涡状。如露出皮肤面积小于44平方毫米(别针头大小)为特密,一般在3万根以上;如露出844平方毫米(大约火柴头大小)为中密,一般在2万根左右;吹露面积不超过1244平方毫米(约3个别针头大小)的为基本合格。

4. 面积检验

毛面朝上,用直尺自颈部适当位置至尾根测量长度,从一侧边缘中间适当部位(横)直线量至另一侧边缘中间适当部位,测出宽度,长、宽相乘求出面积。

5. 伤残面积检验

用尺量出(伤残的适当部位)伤残的长度、宽度,长、宽相乘求出面积。

六、检验规则 是指收购交接检验规则。

1. 逐张检验 200件(10 000张以下)内必须逐张检验。

2. 批量检验 每50张为1小捆,每4小捆(200张1袋)为1件。200件以上为批量,随机抽验20%。

3. 检验误差 ±5%

4. 检验双方如有异议 对有异议部分进行复验。如双方仍有异议,则协商解决。

七、质量规格

1. 品质等级表 见附表。

附表 品质等级表

等 级	品质要求	尺 寸	密 度	绒 长
特 级	正季节皮,皮形完整;绒面平齐,毛色纯正,光亮平滑,背腹一致;绒面毛长适中,有弹性;无枪毛、旋毛,密度大;板质良好;无伤残	1.7平方尺以上	特 密 每平方厘米 3万根以上	1.6~1.8 厘米
A 级	正季节皮,皮形完整;绒面平齐,毛色纯正,光亮平滑,背腹基本一致;绒面毛长适中有弹性;板质好;无伤残	1.4平方尺以上	中 上 每平方厘米 3万根以上	1.6~1.8 厘米

续附表

等　级	品质要求	尺　寸	密　度	绒　长
B　级	正季节皮,皮形完整;绒面平齐,毛色略有差异光亮平滑,腹部绒面略有稀疏;板质良好;无伤残	1.0平方尺以上	适　中每平方厘米2万根以上	1.5~2.0厘米
C　级	正季节皮,皮形完整;毛绒略有不平,经剪毛加工后可用,腹部毛绒稀疏,板质较薄,有伤残。(1厘米以下的伤残不超过2个)	0.7平方尺以上	中　下每平方厘米1.6万根以上	1.5~2.2厘米
等外品	不符合特级、A、B、C级以外的皮张,属于8~27序列以内的皮张			

注:① 经过拉伸过的皮张鞣制后收缩率较大。②自然晒风干后皮张一般情况下不收缩

2. 规格数据

A. 獭兔皮的被毛,最理想的是长度为 1.6~1.8 厘米,最短不能少于 1.4 厘米,最长不得超过 2.2 厘米,凡是超出该范围的都是退化品种。

B. 獭兔的绒毛平均细度为 16~19 微米,占 90％以上,超过此值的为退化品种。

C. 獭兔皮的密度指皮肤单位面积内生长的毛纤维根数,每平方厘米含毛量在 1.6 万~3.8 万根。

D. 凡饲养重量在 2.5 千克以上的獭兔,采皮后,基本上都能达到级别要求尺寸。

八、仓贮保管及包装运输

1. 专用仓库仓贮保管

A. 仓贮条件:采用恒温,恒湿专用库,控制温度 5℃~10℃,鲜皮 0℃以下时间不宜超过 30 天,空气相对湿度小于 65％。

B. 保管要求

a.鲜皮要搓盐,晾晒风干后入库,底层要与地面隔开 15 厘米。上货架存放最高叠放不得超过 30 厘米高度。上下留有空隙,以便

通风。

b. 库房要保持整洁,要有防虫、防鼠措施。

2. 包装运输

A. 包装

a. 干燥好的生皮,每 50 张为 1 小捆,每小捆为 1 件,纸箱或袋子包装。熟皮可散装托运,必须用纸箱包装并层层叠放。

b. 封箱要填写装箱单—式 3 份,1 份放入箱内,1 份贴在箱外,第三份留底备查。装箱单的内容包括箱号、级别、颜色和张数。

B. 运输:运输途中避免潮湿,高温和火种。

以上标准敬请专家、学者及会员审阅,并提出修改意见和建议,以便在业内试行推广。

复习思考题

1. 獭兔有哪些毛色品系?

2. 怎样利用毛色遗传规律生产大量的彩色獭兔皮?

3. 獭兔的营养需要特点如何?

4. 怎样提高獭兔的繁殖率?

5. 獭兔活体验毛技术操作要领如何?

第五章 毛皮动物疫病防治

第一节 疾病的卫生防疫原则

一、卫 生

毛皮动物的饲料、饮水、笼舍及饲喂用具的卫生与动物的健康有着密切的关系,任何一方面利用不当都可能引起疾病。

(一)饲料卫生

毛皮动物的许多病都是通过饲料传染的。因此,对饲料进行严格的兽医卫生检查和监督是预防多种传染病和非传染病的可靠措施。养殖场(户)应购买新鲜饲料,并设有单独的饲料贮存和调配间,杜绝从疫区购买饲料。禁用发霉、腐败变质的饲料及死因不明的动物性饲料。

(二)饮水卫生

毛皮动物场需水较多,工作人员生活用水,蔬菜、饲料种植用水以及毛皮动物的饮用水必须符合卫生标准。水源最好选择干净清洁的地下水或自来水,不被细菌、病毒和寄生虫所污染,饮水器具要经常冲洗、消毒,防止霉菌孳生。

(三)笼舍卫生

毛皮动物笼舍在使用前应做好清洗、消毒,进动物之前用石灰水粉刷墙面,并对地面进行消毒;笼具光滑无毛刺,防止刺伤动物毛皮;笼底粪便要及时清除;定期进行地面消毒,舍内垫草要柔软干燥,无污染,无霉烂,并经常更换;保持舍内良好的通风和光照。

(四)饲料加工及饲喂用具卫生

饲料加工严格按照工序进行,所用原料应干净卫生,清除原料中的有害物质;鱼、肉类饲料在加工前要清除杂质(如泥沙、变质的脂肪)等,用清水冲洗后方可进行加工使用;防止饲料贮存过久,严禁饲料与农药、化肥混放。

喂饲用具使用前做好清洗和消毒,对吃剩下的饲料及时清理,防止发霉变质对动物产生危害;饲喂用具定期用 0.1% 高锰酸钾溶液洗刷,再用清水冲洗干净后使用。

二、防 疫

(一)消灭病原,切断传播途径

切断一切传染途径。在引种时要检疫,对新引进的种兽,必须隔离饲养 15 天左右,并进行观察,确认无病后再进场饲养。严禁其他动物进入饲养场。

(二)定期预防接种

接种疫苗,增强动物的免疫力,是防止疫病的有效措施。每年要根据季节及疫病的流行状况进行防疫,尤其是急性、烈性传染病的预防接种工作。

(三)定期消毒

严格执行消毒制度,杜绝一切传染来源,杀灭散布于外界环境中的病原微生物是防治传染病的一项综合性措施。无疫情发生时,饲养场、舍进口处都应放消毒药液,经常保持有效的消毒药物,以便人员、车辆出入消毒。

第二节 病毒性传染病

一、犬瘟热

包括狐犬瘟热,貉犬瘟热,水貂犬瘟热。

【病　原】　本病病原为犬瘟热病毒,属于副黏病毒科、麻疹病毒属。该病毒在干燥环境中能存活 1 年,耐低温,不耐热。但对化学药物敏感,3%的氢氧化钠、1%的甲醛溶液及 5%的石炭酸溶液,可立即将其杀死。

【流行病学】　在自然条件下,犬科动物（犬、狐、貉）、鼬科动物（水貂、雪貂、紫貂、黄鼬等）、浣熊科动物（浣熊、大、小熊猫）和猫科动物（猫、狮等）均可感染本病。本病没有年龄界限,但以 2.5～5 月龄的幼兽最为易感,一年四季均可发病。病犬是危险的疫源,病兽的分泌物、排泄物污染了周围环境、饮水和饲料,健康动物食入后就会感染发病。

【临床症状】　犬瘟热潜伏期随传染源不同差异较大,症状多种多样,与毒力的强弱、环境条件、动物年龄及免疫状态有关。在自然感染时,狐、水貂的潜伏期为 9～30 天,有时达 3 个月。临床上根据病程分为最急性型、急性型和慢性型。

1. **最急性型**　即神经型。病程特别短,仅能见到病兽（病貂、狐、貉等）狂暴、咬笼、抽搐、吐白沫和尖叫等神经症状,100%死亡。

2. **急性型**　病程为 3～7 天。病初可见浆液性结膜炎,继而发展为黏液性乃至脓性。鼻镜干燥,并伴发支气管肺炎。精神委顿,拒食,呼吸困难,体温升高至 41℃以上。病兽被毛蓬乱,无光泽,消化紊乱,腹泻,后期粪便呈黄褐色或煤焦油样。多数转归死亡。

3. **慢性型**　病程为 14～30 天。主要表现皮炎症状,首先趾掌红肿，软垫部炎性肿胀，鼻、唇和趾掌皮肤出现水泡，继而化脓破溃、结痂，全身皮肤发炎，有米糠样皮屑脱落。

【诊　断】　根据流行病学和临床症状可初步诊断。一般采取病兽的膀胱黏膜，检查出包涵体即可确诊。

【防　治】

1. 预防　预防犬瘟热，接种疫苗是根本的方法。成年动物每年在 12 月份至翌年 1 月份进行犬瘟热疫苗注射；种畜配种前 15 天内再加强免疫 1 次，免疫期为 6 个月。对当年仔畜在断奶后1～2 周注射疫苗。一旦发生犬瘟热，应及时检疫、隔离，严格淘汰带毒病兽，尸体要烧毁或深埋。

2. 治疗　病初期用大剂量（20～30 毫升）抗犬瘟热血清，皮下分点注射，同时用抗生素控制继发感染。如庆大霉素每次 8 万单位，2 次/日；乳酸环丙沙星 10 毫克/次，2 次/日；同时配合维生素 C、维生素 B、维生素 K 辅助治疗。对食欲废绝患兽，可用 5％葡萄糖氯化钠注射液输液，腹泻严重者结合补液治疗。此外，干扰素、病毒唑、黄芪注射液等对犬瘟热的治疗具有协同作用，可抑制病毒蛋白的合成。

二、水貂阿留申病

本病是由阿留申病毒引起的一种慢性、进行性传染病。在世界各国都有流行的报道。

【病　原】　阿留申病毒是细小病毒。本病毒的抵抗力很强，能在氢离子浓度 0.1～1 585 000 纳摩/升（pH 值 2.8～10）范围内保持活力。在 80℃ 条件下能存活 1 小时；5℃ 的条件下，置于 0.3％甲醛溶液中，能耐受 2 周，4 周才灭活。

【流行病学】　病貂和隐性感染水貂是本病的传染源。病毒通过粪便、唾液、尿液等途径排出和扩散，通过消化道、呼吸道感染，也可通过胎盘直接传染给后代。本病的发生没有年龄、性别的明显区别,成年水貂感染率高于育成貂,新生仔貂感染率较低。一年四季均可发病,秋、冬交替变冷的季节,水貂的发病率和死亡率明显高于其他季节。

【临床症状】 水貂阿留申病的潜伏期较长,平均 60～90 天,有的可持续 1 年或更长时间而不表现临床症状。阿留申病在临床上大体可分为急性型和慢性型。

1. 急性型 病程 2～3 天。表现为食欲减少或丧失,精神沉郁、机体衰竭,死前出现痉挛,共济失调、后肢麻痹。

2. 慢性型 病程约数周。表现嗜睡,食欲下降,渴欲猛增,进行性消瘦、贫血、可视黏膜苍白、暴饮、口腔和齿龈自发性出血、粪便呈煤焦油样。

该病的发生致使公貂性功能低下,母貂空怀率上升,生长缓慢,毛皮品质低劣,严重者因免疫系统功能紊乱,抵抗力下降,继发其他细菌和病毒感染而死亡。

【病理剖检】 剖检以肾脏病变最明显,肾肿大 2～3 倍,呈灰色或淡黄色,表面有出血斑和坏死灶。肝、脾的淋巴结肿大,胃肠道黏膜有出血点。

【诊　断】 根据临床发病特点,结合解剖病变可对水貂阿留申病做出初步诊断,确诊须进行实验室检查。

【防　治】 本病无特效药物。控制和消灭本病必须采取综合性的防治措施。应用对流免疫电泳检测方法,进行阿留申病检疫。严格淘汰阳性病貂,自群净化,才能收到确实的效果,逐步建立起无阿留申病貂场。

三、水貂病毒性肠炎

水貂病毒性肠炎是以胃肠黏膜炎症和坏死、白细胞减少为特征的急性、接触性传染病。幼龄水貂发病、死亡率较高,是对养貂业危害较大的病毒性传染病。

【病　原】　本病的病原体为细小病毒科。在自然条件下,感染猫科和鼬科动物,但以体型较小的猫科动物和水貂易感。该病毒对外界环境有较强的抵抗力,在污染的貂笼舍中能保持毒力1年。该病毒对胆汁、乙醚、氯仿等有抵抗力,但煮沸能杀死病毒,0.5％甲醛溶液,2％苛性钠溶液,在室温条件下12小时病毒失去活力。

【流行病学】　传染源是患病和带毒动物。病毒经患病、带毒动物的粪便、尿、精液、唾液等途径排出体外,污染饲料、饮水及用具,经消化道和呼吸道感染。本病常呈地方性和周期性流行,传播迅速,一年四季均可发生。

【临床症状】　本病潜伏期为4～8天。临床上可分为最急性型、急性型和慢性型。

1. 最急性型　突然发病,病貂只表现拒食,不见肠炎症状,经12～24小时死亡。

2. 急性型　病貂精神沉郁,食欲废绝,渴欲增加,喜卧于室内,体温升高达40℃～41℃。有的出现呕吐,常有严重腹泻。患病动物高度脱水,消瘦。2～5天死亡。

3. 慢性型　多由急性转化而来,临床上以腹泻为主,极度消瘦,被毛蓬乱,精神沉郁,卷缩不动,反应迟钝,常能自愈。

急性和慢性病貂粪便稀软,呈黄白色、灰白色、粉红色甚至煤焦油状,并混有脱落的肠黏膜、纤维蛋白和黏液组成的管状物,长度为2～10厘米,直径为0.5～1厘米。

【诊　断】　主要应用血凝-血凝抑制试验,琼脂扩散试验和对流免疫电泳试验进行诊断。

【防　治】　本病无特效药物。对患貂应用抗生素并配合适当的对症治疗,以控制细菌的继发感染。目前国内、外研制使用的水貂病毒性肠炎同源组织灭活苗、细胞培养灭活疫苗、弱毒细胞苗等,在全国范围内应用,取得了良好的效果。按每年母貂配种前和仔貂断奶后 3 周,进行 2 次预防接种(疫苗剂量 1 毫升)。严格执行卫生防疫制度,杜绝从疫区购买水貂,加强饲养管理,可有效地控制水貂病毒性肠炎的发生。

四、狂犬病

狂犬病是多种家畜、野生动物和人共患的以中枢神经系统活动障碍为主要特征的急性病毒病。病毒通过咬伤传给毛皮动物,最终通常以呼吸麻痹而死亡。

【病　原】　狂犬病的病原体是弹状病毒科、病毒属的狂犬病病毒。该病毒对环境的抵抗力不强,在 56℃ 30 分钟、100℃ 2 分钟即可灭活,但在 4℃ 和 0℃ 以下可分别保持活力达数周和数年。在动物尸体内可保存 45 天以上。一般消毒方法,如 1‰～5‰ 的甲醛溶液 5 分钟,0.1% 升汞溶液 2～3 分钟,5% 来苏儿 5～10 分钟能杀死该病毒。

【流行病学】　在自然条件下,所有温血动物对狂犬病毒都有易感性。貂、狐、貉等毛皮动物的患病,主要由于窜入场内的带毒犬或其他带毒兽咬伤引起的。饲喂患病及带毒动物的肉类,也是招致貂、狐、貉等毛皮动物发生狂犬病的重要原因。

【症　状】　潜伏期 2～8 周。病程多为 3～7 天,最长达 20 天。病初行为反常,在笼网内不断走动,有攻击行为。食欲减退,流涎不明显,口端有水滴。进而兴奋性增强,狂躁不安,啃咬笼壁和笼内食具,不断爬上爬下,有痒觉。严重者,啃咬躯体,向人示威嗥叫,追人捕物,咬住物品不放。病的后期精神沉郁,站立不稳,最终全身麻痹、死亡。死前体温下降,流涎或舌外露。

剖检内脏器官没有明显的特征性变化,主要在胃肠和大脑有病变。胃肠黏膜充血或出血。肝呈暗红色,脑内液体增多,脑组织常发现点状出血。

【诊　断】　根据临床症状、流行病学、病理剖检变化可以确定狂犬病。组织切片检查,大脑海马角部位存在的尼氏小体是本病发生的主要特征。

【防 治】 目前无治疗方法。一旦发现毛皮动物被狂犬咬伤,没有出现症状之前要强制接种狂犬病疫苗。毛皮动物养殖场,要严禁犬和其他野兽进入,扑杀患病动物和带毒动物,对外表没有症状的兽群可进行预防接种。常用的疫苗是组织培养灭活苗,首次接种后,间隔 3~5 天第二次接种,免疫期 6 个月。国内正在试用犬瘟热-狂犬病二联疫苗,收到了一定的效果。

五、狐传染性肠炎

本病是由病毒引起的一种急性、热性、高度接触性传染病。是严重危害养狐业的重要传染病之一,该病死亡率较高,在 80%~100%。

【病 原】 病原体为细小病毒,该病毒对外界环境抵抗力较强,能抵抗 pH 值 3~9 的环境,能耐受 66℃ 高温,被病毒污染的笼舍,病毒能保持 1 年的毒力。

【流行病学】 狐、貉等均可感染,但以幼狐(3~4 月龄)最易感染。

本病的传染源为患病动物和带毒动物,它们不断向体外排毒,通过污染饲料、饮水、食具传染给健康貉和狐。本病发生有一定季节性,以夏、秋季多发。

【临床症状】 本病自然感染,潜伏期为 5~14 天。病狐表现为精神委顿、行动迟缓、后躯摇摆、体温升高至 40℃~41.5℃,鼻镜干燥,食欲减退,拒食,频繁大量饮水,反应迟钝,严重者眼睑肿胀,甚至上、下眼睑粘连。

本病主要特征是呕吐和重度腹泻,粪便呈黄灰白色,后期粪便呈酱油色,且有恶臭、腥味,身体明显消瘦,严重脱水,最后衰竭死亡。

【病理剖检】

1. 肠炎型 小肠外观鲜红色,如肠血样,切开可见血样液体,浆膜下充血、出血,黏膜坏死、脱落、有出血点;肠内容物黏稠呈煤焦油样或酱油样。多数病例以空肠、回肠出血为主。

2. 心肌炎型 肺脏严重水肿,浆膜出血;在心肌和心内膜上有灰白色或黄红色的坏死灶,心肌上有血性斑纹,心包液增多。

大多数病例常因并发感染大肠杆菌或沙门氏菌而使病情加重,最后死亡。

【诊　断】 根据临床症状、流行特点、剖检变化可做初步诊断。进一步确诊可剪取组织涂片镜检,检查有无包涵体存在。

【防　治】 本病以预防为主,养狐场每年定期接种疫苗。健康仔狐在断奶后接种,经过 2 周再接种 1 次;仔狐剂量为 2 毫升,成年狐注射剂量为 3 毫升。

治疗本病最有效的措施是及时注射(尤其在发病的早期)高免血清,同时进行强心、补液、抗菌、消炎、抗休克和加强护理等措施下,可提高治愈率。肌内注射庆大霉素、磺胺二甲基嘧啶,每日 2 次,连用 3～5 天,可控制继发感染。

第三节　细菌性传染病

一、炭　疽

炭疽病是由炭疽杆菌引起的毛皮动物、人、兽共患的急性、热性、败血性传染病。以脾脏肿大,皮下和浆膜下结缔组织浆液性出血浸润为特征,死亡率较高。

【病　原】 病原体为炭疽杆菌。在动物体内形成荚膜,单个或 2～5 个形成短链。本菌对环境抵抗力不强,75℃经 1 分钟可被杀死,一般消毒液也能很快杀死它,但炭疽杆菌形成芽胞后,具有较强的抵抗力,能在土壤和水中保持 10 年仍有生活力。在干燥的条件下,40℃经 3 小时,煮沸经 10～15 分钟,110℃高温下经 5～10 分钟才被杀死。

【流行病学】　在自然条件下,毛皮动物(貂、兔、海狸鼠和狐)易感;貉对该病有一定抵抗力。患病死亡动物的肉类是主要的传染源,传播途径主要通过皮肤损伤或蚊虫叮咬。本病的发生没有季节性,以夏季仔兽中多见。

【临床症状】　潜伏期 1～5 日,最长 12 日。急性病例无外表症状,突然死亡。病程稍长者,表现体温升高,呼吸加快,步态蹒跚,渴欲增强,拒食,血尿,腹泻,粪便内有血块和气泡,常从肛门和鼻孔中流出血样泡沫,出现咳嗽,呼吸困难及抽搐症状。一般转归死亡,很少有康复的可能。

【病理剖检】　对该病死亡的动物不得随意剖检,以防引起扩散,招致更严重的后果。若非剖检不可,需在特定的环境下进行,严格做好防护及消毒措施。

咽后淋巴结肿胀充血。胃黏膜溃疡。肝、脾、肾、肺充血肿大,切面流暗红色血液。气管和支气管有血样泡沫。心肌松弛,心室内血液凝固不良,在心外膜及心包上有点状出血。

【诊　断】　根据临床症状和病理剖检,可以做出初步诊断。最后确诊还必须进行涂片检查,血琼脂平板、普通琼脂平板、碳酸氢钠平板接种和动物接种等实验室检查。

【防　治】　本病以预防为主。建立健全卫生防疫制度,严禁采购、饲喂来源不明或病死的动物肉,疫区每年应进行 1 次炭疽疫苗注射,是预防传染的重要措施。

对患病动物进行抗炭疽血清紧急接种。对疑似动物要进行隔离饲养治疗。病死动物不得剖检取皮,应一律烧毁深埋,被污染的笼舍要用喷灯火焰消毒。药物治疗,用青霉素对该病有效,患病动物每次 20 万～40 万单位,每日 3 次。

二、坏死杆菌病

是由坏死杆菌引起的一种慢性传染病。一般多由皮肤黏膜外伤感染。主要侵害趾部。动物患病后,治疗不及时可造成大批死亡。

【病　　原】　病原,坏死杆菌,属于革兰氏阴性菌,多呈长丝状,无鞭毛,不能运动,不形成芽胞。该菌抵抗力不强,加热到100℃约1分钟即可被杀死,用2.5%甲醛溶液、6%来苏儿液10～15分钟也可杀死。

【流行病学】　坏死杆菌在自然界分布很广,动物的粪便、死水坑、沼泽和土壤中均有存在。本病一年四季均可发生,但临床多见于夏、秋季节,呈散发性或地方性流行。主要通过伤口、消化道和产道感染。另外,地面潮湿、气候闷热、饲养管理不善等都会促使坏死杆菌病的发生。

【临床症状】　患病动物精神不振,食欲减退,消瘦,卧地。常见病变主要发生在四肢,特别是趾部,表现为化脓、溃疡和坏死,并有特殊的恶臭气味。随着坏死的进展,病灶转移到内脏,常会导致死亡。

【病理剖检】　剖检可见胸腔、心包积液,有腥臭气味,内含灰黄色纤维素样渗出物。肺脏呈现坏死性肺炎的病理变化。肝脏肿大,有大小不一的坏死灶。

【诊　　断】　根据临床症状、流行特点和病理剖检可以初步做出诊断。

最后确诊主要依靠脓液涂片或脓液及血培养发现致病菌。

【防　　治】　加强管理,做好消毒工作。保持圈舍的干燥清洁卫生,消除一切锋利物品,避免外伤发生。治疗采取局部、全身治疗相结合的措施,才能取得理想的疗效。

1. 局部疗法　首先清除坏死组织。用食醋、3%来苏儿或1%

高锰酸钾溶液冲洗,然后用抗生素软膏涂抹。清洗伤口后,在创面撒布碘仿磺胺粉末(碘仿1份、磺胺粉9份),外面涂布碘仿鱼石脂软膏(碘仿10份、鱼石脂15份、凡士林75份)。伤口扎好绷带,隔1～2日换药1次。对严重病例可用0.25%普鲁卡因注射液20毫升、碘胺嘧啶注射液20毫升、链霉素100单位进行趾爪部封闭,并配合应用强心和解毒药,可促进康复,提高治愈率。

2. 全身疗法　可选用抗生素类药物治疗。四环素、金霉素按5～10毫克/千克体重,肌内或静脉注射,2次/日。红霉素按2～4毫克/千克体重,溶于5%葡萄糖注射液中,静脉注射,2次/日。必要时进行药敏试验,选择高敏药物进行治疗,方可取得更理想的疗效。

三、巴氏杆菌病

巴氏杆菌病是经济动物常见多发传染病,简称出败。其特征为,急性病例呈败血症和炎性出血,慢性病例病变仅局限于局部器官。

【病　原】　病原菌为多杀性巴氏杆菌,粗短球杆状,两端钝圆,革兰氏染色阴性,不形成芽胞,无鞭毛。涂片染色,呈两极浓染。本菌对环境抵抗力不强,在干燥情况下,很快死亡;3%石炭酸及0.1%升汞溶液1分钟可杀死。日光下暴晒,很快失去毒力。

【流行病学】　该菌对许多动物和人均有致病性。其中水貂、狐、貉、兔等毛皮动物易感,以2～3月龄的仔兽多发。

本病主要通过呼吸道、消化道和伤口感染,昆虫叮咬也能传播本病。主要传染源是患病畜、禽和兔等肉类饲料。本病的发生无明显的季节性,但以冷热交替、气候剧变、闷热、潮湿、多雨的时期多发,特别是饲养管理较差,饲料质量不佳,更容易发生。

【临床症状】　本病潜伏期1～5天,死亡率30%～90%。临床上常见的有超急性型、亚急性肺炎型和慢性肠炎型。

1. 超急性型 这种类型的多数病例常出现突然死亡,或者以神经症状开始,病貂癫痫式抽搐尖叫,虚脱出汗而死。

2. 亚急性型 亚急性病例病程2～3天。不愿活动,体温升高至40℃～41.5℃,鼻镜干燥,食欲减退或不食,渴欲增高。肺炎型以呼吸系统病变为主,出现呼吸频率增加,心跳加快,有的患兽死亡后从口、鼻处流出泡沫样血液。

3. 肠炎型 肠炎型病例除具有亚急性型特征外,主要病变以消化道为主。表现为腹泻,肛门附近沾有少量稀便或黏液,如不及时治疗,3～5天死亡。

【病理剖检】 剖检,因不同类型内脏病理变化各异。

1. 超急性型 脾肿大,边缘钝,有点状出血;肝脏淤血、增大,切面有多量褐红色液体流出;肾脏充血、出血,包膜下有出血点;肠系膜淋巴结肿大。

2. 急性肺炎型 肺脏充血、出血、水肿,小叶间质增宽。肺表面和胸膜上覆盖一层纤维素性蛋白膜;气管积有大量黏液;浆膜腔(胸腔、腹腔、心包囊)有大量淡黄色的渗出液;心外膜有出血点。

3. 肠炎型 胸腔有少量淡黄红色积液,肠系膜充血、出血严重。

【诊　断】 根据临床症状、流行病学和病理解剖,可以做出初步诊断,确诊可进行涂片镜检或细菌分离培养。

【防　治】

1. 预防 加强卫生防疫工作,改善饲养管理,特别注意在逆境条件下供应全价日粮,对肉类加工厂的下杂物,要加温蒸煮后饲喂,必要时使用抗菌药物拌料或饮水预防,坚持定期应用相应疫苗预防接种。

2. 治疗 对良种毛皮动物可注射单价或多价高免血清。成年狐皮下注射20～30毫升/只;1～3月龄幼狐为10～15毫升/只;成年水貂为10～15毫升/只,4月龄的幼貂为5～10毫升/只。

抗生素治疗。青霉素为 2.5 万～10 万单位/千克体重,链霉素 3 万单位/千克体重,肌内注射,每日 2～3 次,连用数天。也可选用菌必治、阿米卡星、磺胺类、氧氟沙星等喹诺酮类药物均有一定的疗效。

四、大肠杆菌病

本病主要危害幼龄毛皮动物,常引起腹泻和败血症、毒血症,而导致大批死亡,或严重影响生长发育。成年母兽患本病常引起流产和死胎。

【病　原】　大肠杆菌,为革兰氏阴性短杆菌。其抵抗力较强,在土壤和水中存活数月,但对 60℃ 以上高温和常用消毒剂敏感,可迅速被杀死。

【流行病学】　在自然条件下,10 日龄以内幼兽最易感,发病率和死亡率极高。在受到各种应激因素影响时,机体抵抗力下降,场内大肠杆菌中的某些血清型埃希氏大肠杆菌产生毒素使动物发病;另外,因卫生管理不善,粪便严重污染环境、饲料和饮水,动物可经消化道、尿道、脐带感染,或垂直传播,导致窝发、群发或地方性流行。

【临床症状】　新生仔兽患病,表现不安,尖叫,被毛蓬乱,排黄绿色或黑褐色腥臭稀便,内混有气泡、黏液或血液,发育迟缓,尾和肛门污染粪便。后期极度沉郁,抽搐和痉挛,2～3 天死亡。较大的病兽,表现不愿活动,持续性腹泻,粪便呈黄色、灰白色或暗灰色,并混有黏液,重症病例排便失禁。病狐虚弱无力,神情呆滞,弓背,步态蹒跚,被毛蓬乱、无光,病程 1 周以上。

【病理变化】　肠管内有气体和黄绿色、灰白色黏稠液体,黏膜充血、出血。肝脏呈黄土色;肾脏呈灰黄色或暗白色,包膜下出血;肺脏暗红色、水肿,切面有淡红色泡沫样液体流出,气管内积有泡沫样液体。

脑炎型病例,脑膜充血、出血,脑室内蓄积化脓性渗出物或淡红色液体。脑实质软,切面有软化灶,这种脑水肿与化脓性脑膜炎的变化。

【诊　断】　根据临床症状、流行病学和病理变化,只能做出初步诊断,确诊尚需进行涂片镜检、细菌分离培养和凝集试验。

【防　治】

1. 预防　加强饲养卫生管理,改善饲养环境,供给动物新鲜、易消化、营养全价的饲料。对来源不明的饲料不喂或无害化处理后再用。在本病多发季节,应提前进行药物预防或在料中拌入TM等微生态制剂预防。

2. 治疗　链霉素 0.1～0.2 克,新霉素 0.025 克,土霉素 0.025 克,菌丝霉素 0.01 克,给仔兽口服;菌丝霉素 4 000～10 000 单位,溶于 0.5% 普鲁卡因溶液或高兔血清中肌内注射,同时皮下注射 20% 葡萄糖注射液 10 毫升/只。

五、链球菌病

本病是各种经济动物常见、多发性传染病。

【病　原】　链球菌属中的致病性菌株群所致。本菌为革兰氏阳性球形链状菌。对常用消毒剂敏感,如用 0.1% 新洁尔灭溶液、5% 来苏儿液、10%～20% 新鲜石灰乳等经 3～5 分钟可被杀死。

【流行特点】　毛皮动物中,兔、犬、狐等动物对本病易感,幼龄比成年动物更易感。可由外伤性传染,经多种途径感染致病;或受应激因素影响引起内源性传染而发病。以夏末至初春多发,常见散发或群发。

【临床症状与解剖特点】

1. 兔链球菌病　体温升高,呼吸困难,间歇腹泻,多呈败血症死亡。剖检可见皮下组织呈出血性浆液浸润和内脏器官出血。

2. 犬链球菌病 脑膜脑炎型病犬，表现先兴奋，奔跑、狂叫，口流泡沫，以后昏迷，大多在数小时死亡。剖检可见咽喉和气管充满泡沫，内脏器官广泛出血，尤以十二指肠黏膜和大脑沟回出血最严重。

3. 狐链球菌病 常见于 8 周龄内的幼狐，突然精神沉郁和拒食，行走步态不稳，呼吸急促，经 24 小时呈败血症死亡；如为暴发性流行，有些病例呈现流鼻液，结膜炎，麻痹、痉挛，尿失禁等症状，死亡率高。剖检可见肺出血；肝肿大、充血、出血；脾急性肿大，表面粗糙有点状或片状出血性梗塞；肾常肿大有出血点；胸腹腔积有血脓样物。

【**诊 断**】 根据下述症状与病变和结合流行特点可做出初诊。确诊需做镜检和细菌分离培养鉴定。

【**防 治**】

1. 预防 加强饲养管理，搞好环境卫生，防止外伤；发现患病动物及时隔离治疗和消毒场地。

2. 治疗 根据在多个不同地区，多种动物分离病原进行的药敏试验，结果差异很大，但普遍对氯霉素和庆大霉素高敏，经临床应用得以证实。因此，在治疗本病尚无药敏试验基础时，可选用这两种抗生素治疗。

(1)氯霉素 犬、狐、貉等动物 0.5～1 毫克/千克体重，兔30～40 毫克/千克体重，肌内或皮下注射，每日 2 次，连用 3 天；或拌料以 0.05%～0.1%的浓度，连用 4～5 天。

(2)庆大霉素 犬、狐、貉等动物 2～4 毫克/千克体重，兔和麝鼠 3～4 毫克/千克体重，肌内或皮下注射，第一天 2 次，以后每日 1 次，连用 3～4 天。

六、沙门氏菌病

沙门氏菌病又称副伤寒。为毛皮动物常发的细菌性传染病。

幼狐、貉、貂感染本病为急性经过,以胃肠道功能紊乱和败血症为特征的传染病。

【病　原】　沙门氏菌为短杆菌,属于革兰氏阴性菌。本菌对环境抵抗力较强,在 0.1%升汞溶液、0.2%甲醛溶液,3%石炭酸溶液中 15～20 分钟可被杀死。在含 29%食盐的腌肉中,在 6℃～12℃的条件下,可存活 4～8 个月。

【流行病学】　在自然条件下,狐、貉、貂均易感。本病主要经消化道感染,污染的肉类饲料和饮水等为主要传染源。当不卫生的饲养管理条件、气候的剧烈变化等致使动物抵抗力降低时,发生内源性感染。本病有明显的季节性,多在 6～8 月份呈暴发性流行。

【临床症状】　本病自然感染的潜伏期为 3～20 天,平均 14天。临床上表现为急性、亚急性和慢性 3 型。

1. 急性型　表现为拒食,先兴奋后沉郁,体温升高至 41℃～42℃,临死前体温下降。多数病兽躺卧于小室内,走动时拱腰,眼流泪,沿笼子缓缓移动。发生腹泻,呕吐,最后衰竭、痉挛,经 2～3天死亡。

2. 亚急性型　表现为胃肠功能紊乱,食欲丧失,腹泻,粪便呈水样,混有血液,四肢软弱无力,卧于笼中。后期麻痹,衰竭而死。

3. 慢性型　表现为顽固性腹泻,贫血,被毛蓬乱、黏结、无光泽,卡他型肠胃炎,极度衰竭,经 2～3 周死亡。

【诊　断】　依流行病学、临床症状和病理解剖变化,可初步诊断。最终确诊需进行细菌学检查。

【防　治】　预防沙门氏杆菌病主要是把住饲料和饮水的卫生关。幼兽可接种沙门氏多价菌苗,分 2 次,间隔 7 日,每次 1～2毫升。当发病时,对病兽和疑似病兽均应立即治疗。可随饲料投服新霉素,每次 10 万～15 万单位,每日 2 次,连用 5 天。也可用氯霉素 0.1～0.15 克,连用 5～7 天。也可应用庆大霉素 2 万～4

万单位/只,肌内注射。

七、布氏杆菌病

布氏杆菌病又名布鲁氏菌病,是人、兽共患的传染病。在狐狸主要侵害母狐,使妊娠狐发生流产和产后不育以及新生仔狐死亡。

【病　原】　布氏杆菌,为革兰氏阴性杆菌,不形成芽胞。是由布氏杆菌类的牛布氏杆菌和羊布氏杆菌引起的。大多数通过布氏杆菌病家畜的肉类饲料而侵入狐狸体内。

布氏杆菌对各种物理和化学因子敏感。本菌对外界环境有较强的抵抗力,在体外能保持很长时间,待机传染给健康动物。在干燥的土壤内可存活 37 天,在水中存活 6~150 天,湿润土壤中能存活 72~100 天,在粪便中能存活 45 天,在尿中保存 46 天,在污染的衣服上能存活 15~30 天。

本菌对湿热特别敏感,70℃时 5 分钟可杀死该菌,煮沸可立即死亡。对消毒剂也较敏感,2%来苏儿溶液 3 分钟之内即可杀死。

【流行病学】　布氏杆菌病能侵害多种家畜、野生动物和人类。病畜和带菌动物,特别是流产母畜是主要传染源,母畜流产的胎儿、胎衣、羊水及阴道分泌物中也有病菌存在。

本病主要经消化道、伤口、呼吸道、眼结膜和生殖器黏膜感染。一年四季均可发生,但有明显的季节性,以夏、秋季节发病率较高。

【临床症状】　母兽布氏杆菌病的主要症状是流产、产后不孕和死胎,这时母兽食欲下降,个别病例出现化脓性结膜炎,经 1~1.5 周不治而愈;公兽出现睾丸炎及附睾炎,生育能力下降。狐患该病后常无体温升高,但见有脉搏和呼吸频数变化。

【病理剖检】　狐狸布氏杆菌病内脏器官特征病变是胎膜水肿,严重充血或有出血点。子宫黏膜出现卡他性或化脓性炎症及脓肿病变。常见有输卵管炎、卵巢炎或乳房炎。公兽精囊中常有出血和坏死病灶,睾丸和附睾肿大也有坏死病灶。

【诊　断】　根据临床症状和病理剖检很难做出诊断,需借助实验室手段进行血清学检查、凝集反应试验和琼脂扩散等做出确诊。

【防　治】

1. 预防　坚持自繁自养。引进种兽时,要严格检疫,确认健康者才能混群。每年定期以凝集反应检疫2次,阳性者淘汰;平时应仔细检查肉类和奶类饲料。对病兽污染的畜舍、运动场、饲槽、水槽等用10％石灰乳或5％热火碱水消毒。

2. 治疗　狐狸布氏杆菌病的治疗方法还没有研究出来。主要是通过血清学检查逐年淘汰阳性病兽,而使兽群健康化。

本病能传染给人,故应特别注意。因此对工作人员必要时要实行预防措施,进行布氏杆菌病疫苗接种。

八、克雷伯氏菌病

克雷伯氏菌病,是人、兽共患的传染病。以引起动物肺炎为特征,近年来我国已从多种动物体内分离出该菌。

【病　原】　本病病原为克雷伯氏菌,革兰氏染色阴性,不运动,但能形成荚膜,在动物体内易引起菌血症。尤其以肺炎型为主要致病菌株,本病感染的95％以上均由肺炎型引起。常呈地方性暴发流行,造成较大的损失。

【临床症状】　水貂的克雷伯氏菌病在临床上大体表现为4种类型。

1. 脓疱疮型　水貂周身出现脓疱,尤其以颈部、阴户部为多。脓疱破溃后流出黏稠脓汁,有恶臭。

2. 蜂窝组织型　喉部出现蜂窝织炎,沿颈向下蔓延至肩部,患部化脓、肿大。

3. 麻痹型　食欲减退或废绝,后肢麻痹,步态不稳,多数病貂出现症状后2～3天死亡。

4. 急性败血型　突然发病，食欲急剧下降，或完全废绝，精神沉郁，呼吸困难。出现症状后，很快死亡。

【病理剖检】　剖检可见气管黏膜充血；肺部充血、出血，膨胀不全，表面有灰白色结节；颈淋巴结、肾、肝肿大，胸腔内积有大量炎性分泌物。

【诊　断】　本病易与链球菌病、结核杆菌病混淆，根据临床表现难于做出确诊，需进行细菌分离、涂片镜检方可做出判断。

【防　治】

1. 预防　加强卫生防疫工作，改善饲养管理，供应全价日粮，对肉类加工厂的下杂物，要加温蒸煮后饲喂，定期使用抗菌药物拌料或饮水预防。

2. 治疗　发现患兽立即隔离，并给予对症治疗。体表脓肿实行外科手术排脓，用3‰过氧化氢溶液冲洗创腔坏死组织，撒布消炎粉即可；若出现呼吸困难，可用链霉素肌内注射，每次10万单位/只·次，每日2次，连用5～7天。

九、狐加德纳氏菌病

狐阴道加德纳氏菌病是由阴道加德纳氏菌引起的一种人兽共患传染病。以妊娠狐的空怀、流产为主要特征。

【病原与流行情况】　本病在我国毛皮动物养殖中没有记载，是近年从国外引进种狐时带入的，其病原为加德纳氏菌，属于革兰氏阴性菌，球杆状。大小为0.6～0.8微米×0.7～2微米。

本病主要是通过交配传染，也可通过接触传播。如通过狐场工具（抓狐钳、手套等）和饮食用具传播。患病动物粪污染的饲料和饮水是传播途径之一。

【临床症状】　狐配种后，出现空怀和流产，病情严重时，表现食欲减退，精神沉郁，卧于笼内一角，其典型特征是尿血。后期体温升高，肝脏变性、黄染，肾肿大，最后败血而死。本病有明显的季节性,多在交配期发生。公狐发病,易引起包皮炎和前列腺炎,表现食欲减退,消瘦,性欲减弱或失去交配能力,个别公狐发生睾丸炎和关节炎。

【诊　断】　根据临床症状可初步诊断,进一步诊断,可做细菌学检查。采取母狐阴道分泌物、死亡流产胎儿、胎盘等为材料进行涂片、镜检可发现多形性革兰氏阴性球杆菌。

【防　治】

1. 预防　本病以预防为主,预防接种可用狐阴道加德纳氏菌病铝胶灭活疫苗,每只肌内注射1毫升,该疫苗免疫效果可靠,保护率为92%,免疫期为6个月,在使用该疫苗前,最好进行全群检疫,对检出的健康狐立即接种,患兽淘汰。

2. 治疗　本病用氯霉素、氟苯尼考、红霉素、氨苄青霉素等均可治疗。

青霉素:3次/天,0.25毫克/只·次,连续投药12天。为了防止出现抗药性,中间可停喂1天;氟苯尼考:6～15毫克/千克体重,内服,每日1次,连用7天。

第四节　常见寄生虫病

一、弓形虫病

本病是人、兽共患的细胞寄生性原虫病。目前在世界各国广为流传,并有逐年上升的趋势,给人、畜的健康和毛皮动物饲养业带来很大的威胁。

【病　原】　病原为龚地弓形体原虫,属孢子虫纲,球虫目。整个发育阶段中出现滋养体、包囊(在中间宿主)、裂殖体、配子体和囊合子(在终末宿主)5种形态,现介绍对诊断有价值的3种形态。

1. 滋养体　呈香蕉形,长4～7微米,姬姆萨氏染色核偏中紫红色,胞质浅蓝色。常见于急性病例的肝、肺、淋巴结或腹水中。

2. 包囊　呈圆形或卵圆形,30 微米×60 微米,囊较厚,囊内有许多缓殖子。多见于慢性或隐性病例的脑等组织中。

3. 囊合子　呈圆形或椭圆形,10 微米×12 微米,双层囊壁;成熟卵囊(孢子化卵囊)内含 2 个孢子囊,每个孢子囊内含 4 个子孢子。多见于终末宿主的肠细胞或其粪便中。

【流行病学】　弓形体的包囊和囊合子有较强的抵抗力,尤以囊合子形成孢子化后可保持感染力 1～1.5 年。

弓形体发育需 1 种以上宿主转换。成熟卵囊随粪便排出,污染环境或食物,中间宿主经口、皮肤损伤、黏膜接触,还可通过胎盘感染。

【临床症状】　本病的临床表现极为复杂。先天性病例:胎儿由母体感染可导致流产、早产或死胎,存活的胎儿出生后可出现畸形,如头小畸形、脑积水、精神发育障碍等。后天性病例的临床表现从单纯的淋巴结肿大到急性暴发型肺炎和脑脊髓炎,伴有精神、神经系统、眼部、心脏和呼吸系统等症状。

【诊　断】　根据临床症状、流行病学和非特异性病理解剖组织学变化不能确诊。若想确诊,必须结合实验室检查进行诊断。

【防　治】

1. 预防　加强家猫的管理,防止污染饲料和饮水;严禁给毛皮动物饲喂生肉;做好防鼠灭鼠工作。

2. 治疗　发病初期用磺胺嘧啶,65 毫克/千克体重和乙胺嘧啶,0.5 毫克/千克体重,每日 2 次,首次量加倍,连用 3～5 天治疗效果好。

二、球 虫 病

球虫病是多种动物的一种重要寄生虫病,家畜、家禽、鱼类和毛皮动物等均有不同的危害,尤其是幼龄动物常见,在密集潮湿的环境中最易发生,可引起大批死亡。

【病　原】 主要为艾美尔属球虫和等孢属球虫。除孢子化卵囊不同外,其形态和发育史基本相同,即3个阶段发育和5种形态。

1. 孢子生殖 外生发育即卵囊发育随着粪便排泄到外界环境中,在适宜的条件下发育。为孢子化卵囊形态,呈圆形、卵圆形或椭圆形,有2层囊壁,内含数个孢子囊和子孢子。

2. 裂殖生殖 内生发育即孢子化卵囊被宿主吞食后子孢子逸出在肠上皮细胞发育。为裂殖体形态,呈不规则卵圆形或近似圆形,内含成簇的裂殖子。

3. 配子生殖 也是内生发育。大配子形态,呈圆形或椭圆形,胞质中有2种成囊颗粒;小配子形态为细长形,有2根鞭毛,运动灵活;大小配子结合为合子,其形态呈圆形或椭圆形,并由大配子胞质中的2种囊颗粒形成2层囊壁的圆形或椭圆形的卵囊。

【流行病学】 本病广泛传播于兽群中,幼兽对球虫病特别易感。在环境卫生不好和饲养密度较大的饲养场常有流行。病兽和带虫的成年兽是传播本病的重要来源。传染途径是消化道。吞吃被污染的食物和饮水,或吞吃带球虫卵囊的苍蝇、鼠类均可发病。

【临床症状与病理变化】 病兽轻度发热,食欲减退,消化不良或腹泻,粪便稀薄、混有黏液,甚至带有血液,消瘦,贫血,衰弱,被毛无光泽,发育停止,终因衰竭而死。老龄兽抵抗力较强,常呈慢性经过。小肠部发生出血性肠炎,黏膜肥厚。

【诊　断】 根据发病年龄、症状、病理变化和寄生虫学检查进行确诊。进一步检查需剪取病料压片镜检,置显微镜或放大镜下检查有无球虫卵囊。

【防　治】

1. 预防 保持笼舍清洁干燥,避免拥挤;及时清除粪便,防止污染饲料和饮水,食具定期用沸水或热碱水消毒;加强饲养管理,供给全价饲料。在发病季节应用抗球虫药物添加于饲料或饮水供每日饮用，可防本病的发生。

2. 治疗　氯苯胍或痢特灵0.04％拌料，或0.02％饮水，连用3～5天；青霉素35万单位，对水1 000毫升，自由饮用，连用7天；磺胺二甲氧嘧啶0.5％～1％拌料，连用3～5天；氨丙啉110～220毫克/千克体重，拌料，连用7天。

三、附红细胞体病

是由附红细胞体寄生于红细胞表面、血浆及骨髓内的一种以红细胞压积降低、血红蛋白浓度下降、白细胞增多、贫血、黄疸、发热为主要临床特征的人兽共患病。

【病　原】　早先认为是一种寄生虫，后来认为属于立克次氏体。引起貉、貂发病的附红细胞体归属哪种尚不清楚。不同动物病原体的大小形态不同，多数为环形、球形、月牙形。附红细胞体对干燥和化学药品敏感。

【流行病学】　本病自然传播途径尚不完全清楚，报道较多的有媒介昆虫传播、血源性传播、垂直传播、消化道传播和接触性传播及针头、注射器消毒不彻底等。本病的患兽可长期携带病原体成为传染源。

【临床症状】　临床上主要表现高热、贫血、黄疸、出汗、易疲劳、嗜睡、腹泻、繁殖力下降、肝脾和不同部位的淋巴结肿大，一般呈隐性感染，当受到应激时，导致抵抗力下降，则临床症状表现明显。毛皮动物患该病时，常继发感染犬瘟热、病毒性肠炎、传染性胸膜肺炎、巴氏杆菌病和链球菌病等。

【病理变化】　腹下及四肢内侧有出血斑，血液稀薄，不易凝固，黏膜和浆膜黄染，肝脾肿大、质软，有针尖大小的黄色点状坏死，胆囊膨大，胆汁浓稠，心肌坏死，心外膜上有出血点，心包积液，肺水肿，肾脏肿胀、质地软。

【诊　断】　血液涂片镜检发现病原体后即可诊断。

【防　治】

1. 预防　采用综合防治法，扑灭吸血昆虫、疥螨、虱等，严禁饲喂生的动物性饲料；加强卫生管理，定期用百毒杀或菌毒敌消毒灭虫，每日 1 次连用 1 周。药物预防可用长效新强米先、土霉素、氟苯尼考等。

2. 治疗　治疗可用贝尼尔（血虫净）进行深部肌内注射，毛皮动物用量 1.5～1.7 毫克/千克体重。如果是粉剂，需用蒸馏水稀释成 5％浓度，同时用丁胺卡那霉素、地塞米松或先锋霉素之类的抗生素配合消炎。

四、狐蛔虫病

蛔虫病是毛皮动物饲养业的重要病害之一。据文献记载，成年母狐饲养于泥土或木质地板笼舍内的，几乎 100％的感染蛔虫。

【病　原】　蛔虫。有 2 种类型。即小弓首蛔虫和弓首蛔虫。狐蛔虫的雄虫长 2～4 厘米，雌虫 3.5～5.5 厘米，主要寄生于肠道，严重的引起大批毛皮兽死亡。

【流行病学】　毛皮动物采食含有蛔虫卵的饲料，或饮水被蛔虫卵污染；仔兽合养，会增加相互感染的概率。本病仔幼狐多于成年狐。

【临床症状】　患兽消瘦、贫血、食欲不振、呕吐；腹泻、便秘交替发生，有时出现异嗜。腹部膨大，腹痛，呻吟，粪中带虫，出现神经症状如癫痫发作等。

【诊　断】　根据临床症状及粪便检查有蛔虫虫体和蛔虫卵，即可确诊。

【防　治】　清除蛔虫卵。做好粪便、垃圾的处理工作。定期检查兽群粪便，掌握毛皮动物感染情况，养兽场每年进行 2 次驱虫，第一次在 6～7 月份，第二次在 11～12 月份。

本病可使用药物治疗。常用的药物有：

盐酸左旋咪唑、驱虫净 狐、貉投药 10 毫克/千克体重，硫化二苯胺（吩噻嗪）、龙香末，加到 1％琼脂溶液中投给。

注意把泻药混于乳、豆汁、谷物粥或饮水中喂给。投泻药后过几小时可以喂给饲料，但应注意去掉脂肪。

五、绦 虫 病

绦虫病是绦虫寄生在毛皮动物的肠道内引起的体内寄生虫病。

【病　原】 绦虫是寄生于狐等毛皮动物肠内的扁平呈带状的寄生虫。逐渐脱掉后面的成熟节片，每个节片含有上万个绦虫卵，卵被其他动物吃掉后，通过肠道进入血液循环，进而到各个肌肉组织中，并在其内发育成孢囊（即为痘肉、囊虫病），该动物便成了绦虫的中间宿主。狐等毛皮兽吃了含孢囊的肉，孢囊不能被消化，而是在肠道内适宜的温度和营养条件下，发育成幼虫，并用有钩的吸盘挂在肠黏膜上，吸收肠内大量营养物质，生长达到成熟后，又可排出成熟节片。

【流行病学】 绦虫病的发生主要是吃了未煮熟的、含有囊虫的动物的副产品，或者通过饲料和饮水感染，不分年龄大小，常呈地方性流行。

【临床症状】 轻度感染时症状不明显；严重感染时，出现呕吐，腹胀、腹痛、异嗜等症状，随着病程的进行出现腹泻、贫血，消瘦；个别病例还有剧烈兴奋、痉挛或四肢麻痹等神经症状。

【病理剖检】 在小肠内发现有无数成团的绦虫，有时引起肠阻塞。小肠黏膜充血，绦虫头节固定部分呈卡他性炎症。

【诊　断】 检查粪便中有绦虫卵，同时在粪便或笼壁上发现绦虫节片或链体即可确诊。死后剖检在小肠内有绦虫寄生也可确诊。

【防　治】　每年定期进行 3～4 次预防性驱虫。不用未经无害处理的肉类饲喂毛皮动物,搞好粪便管理。

本病的治疗可以用氢溴酸槟榔碱粉来驱虫。用药前先禁食 16～18 小时,为防止呕吐,可事先用 0.5% 普鲁卡因溶液将氢溴酸槟榔碱粉溶解,使之成为 1% 的溶液,按照 1 毫升/千克体重混于饲料中投给。另外,用灭绦灵、吡喹酮、甲苯咪唑、丙硫咪唑等也可达到治疗的效果。

六、狐、貉螨病

狐、貉螨病是由疥螨科和痒螨科所属的螨寄生于毛皮动物的体表或表皮下所引起的慢性寄生性皮肤病。

【病　原】　狐、貉螨病的病原体,是一种低等节肢动物——疥螨。它能钻进毛皮动物的皮下产卵,并大量繁衍,导致皮肤寄生虫病的发生。

疥螨在外界温度 11℃～20℃ 时能保持生活力 10～14 昼夜,在寒冷温度下(-10℃)经 20～25 分钟死亡;直射阳光 3～8 小时死亡。于干燥环境中当温度 50℃～80℃ 时,30～40 分钟内死亡;在水内加热 80℃ 几秒内死亡。

【流行病学】　本病是接触性传染病,患病动物和健康动物混在一起运输、饲养或配种时接触感染患病。尤其是场内卫生条件差,粪便不及时清理,苍蝇大量繁殖,将外界的螨虫带到毛皮动物的身上时感染该病。

本病的发生有一定的季节性,在温暖潮湿的季节容易发生。患病动物使用过的笼网、食盒、水盒;工作人员衣服、脚底均可以传播;患螨病的老鼠、猫等也可以传播本病。

【临床症状】　螨病最初大多发生在毛皮动物的脚掌上,随后蔓延至肘关节并传播到额、颈、胸、臀及尾部。患病个体食欲减退、甚至废绝。染上疥螨后,产生剧烈痒感,动物用爪挠皮肤,有时挠伤出血。感染疥螨处皮肤形成白色结痂。取皮时在皮板上有很多小洞洞,影响毛皮质量。

【诊　断】　根据患兽皮肤被螨虫侵害所产生的特征性症状(结痂)较容易诊断。为进一步确诊可用手术刀片刮取少许结痂下面的血污物,置于洁净的玻璃器皿内,用10%氢氧化钠溶液浸泡3～5分钟,再用棉签蘸取少量混悬液涂于载玻片上,在低倍显微镜下观察即可见到螨虫。

【防　治】

1.预防　本病以预防为主。养殖场要加强管理,保持地面、笼舍及用具的清洁卫生,定期消毒,定期灭蝇、灭鼠。发现患病动物及时隔离治疗。对患兽所污染的地面环境、剪下的痂皮等,必须深埋或焚烧。严防人、兽交叉感染。患兽用的一切用品严格隔离单用。不与其他健康兽混用。

2.治疗　本病的治疗可用市售的杀螨灵或敌杀死外用药液处理,一般经1～2次用药即可痊愈,或用1‰～2‰敌百虫水药液或15%碘酊涂搽患部1～2次,也有较好的疗效。用注射针剂治疗效果也很好。针剂可用伊维菌素类和阿维菌素类都可以。

第五节　中毒病

一、农药中毒

常用的有机磷农药有敌敌畏、敌百虫、乐果等,这些农药对毛皮兽具有不同程度的毒性。

【病　因】　用农药驱除体内外寄生虫,用量不当或浓度过高,使用配制农药的器具调制饲料,或饮用被其污染的水,饲喂喷洒过有机磷农药的作物、蔬菜等,如残毒量高,通过接触、吸入等进入机体,均可引起中毒。

【症　状】　中毒毛皮动物瞳孔缩小,这是本病的一个典型症状。病兽呕吐、腹泻、腹痛,呼吸困难,尿失禁或尿潴留,流涎。肌纤维性震颤,牙关紧闭,颈部强直,甚至全身抽搐,角弓反张。初期兴奋不安,继而抑制,最后陷于昏迷和呼吸中枢麻痹。

【诊　断】　根据有无农药接触史、临床症状和对病料的毒物分析结果综合判定。

【防　治】　立即停止饲喂被农药污染的饲料和饮水,体表驱虫时按剂量给药,并注意用药后的表现。

农药中毒后必须迅速抢救。首先,阻止药物继续进入体内,迅速排出胃内容物,并用特效解毒剂与对症疗法。早期应用 0.1％硫酸阿托品,每只病兽皮下注射 1～2 毫升,隔 3～4 小时重复注射 1 次;解磷定(或双复磷)每千克体重 20～40 毫克,维生素 C 0.025克和 10％葡萄糖注射液 50 毫升,混合静脉注射。

二、毒鼠药中毒

杀鼠药种类较多,简介两种毒鼠药中毒如下。

磷化锌中毒

【病　因】　毒鼠药饵放置不当或保管不严,导致污染饲料或动物吞食了被杀鼠药毒死的老鼠而中毒。

【症状与病变】　主要症状为腹痛和呕吐(呕吐物有大蒜味和在暗室出现磷光)、呼吸急促、有喘鸣声或鼾声,以至痉挛、昏迷死亡。剖检胃内容物有蒜臭味,胃肠道黏膜充血、出血和脱落;肺显著充血,有时肺间质水肿;肝、肾淤血肿胀。

【诊　断】　查找病因,有杀鼠药和灭鼠活动史,根据临床症状可做出初步诊断,并结合实验室检查,肝、肾检出磷化锌可确诊。

【防　治】　治疗应先用 0.5％硫酸铜洗胃使磷化锌形成不溶性的磷酸铜,再以 0.05％高锰酸钾溶液洗胃使之形成无毒的磷酸酐,然后灌服液状石蜡以防磷的吸收。并以 4％～6％硫酸钠灌服导泻。

预防上严格管理毒鼠药；严禁饲料库和加工场地施放杀鼠药；在灭鼠活动中应检埋鼠尸，防兽捕食。

灭鼠灵中毒

【病　　因】　同磷化锌中毒。

【症状与病变】　急性中毒突然死亡；亚急性中毒常见黏膜苍白、鼻出血和便血，呼吸困难，运动失调，关节肿胀或轻瘫，痉挛而死亡。剖检为全身性严重出血。

【诊　　断】　检查有无灭鼠灵中毒条件存在；根据病因、症状与病变特点可以确诊。

【防　　治】　治疗可用维生素 K 10～70 毫克溶于 5％葡萄糖注射液中，静脉注射，每日 1 次，连用 3～5 天，以强心保肝和控制出血。

预防同磷化锌中毒。

三、棉籽饼中毒

【病　　因】　棉籽饼是一种富含蛋白质的饲料，但其中含有毒物质棉酚，如果未经脱酚或调制不当，大量或长期饲喂，可引起中毒。

【临床症状】　患兽主要表现精神不振，食欲减退或不食，排黑褐色稀便并常混有黏液、血液和脱落的肠黏膜。

【病理变化】　可见胃肠黏膜充血、出血，黏膜易脱落，呈现出血性炎症。肝充血、肿大，呈黄色，其中有许多空泡和泡沫状间隙，质地变脆、变硬。胆囊肿大或萎缩，胰腺增大。肾脏呈紫红色，质软而脆，肺充血水肿。

【防　　治】

1. 预防　限量饲喂棉籽饼，防止 1 次过量饲喂或长期饲喂。饲料必须多样化。用棉籽饼作饲料时，必须先脱毒处理。可将棉籽饼打碎，加水煮沸 1～2 小时或用 1％氢氧化钙液或 2％生石灰水或 0.1％硫酸亚铁液浸泡 1 昼夜,然后用清水洗后再喂。

2. 治疗 棉籽饼中毒目前尚无特效疗法。发现中毒应立即停喂含有棉籽饼的饲料,用 0.1％高锰酸钾溶液洗胃。将硫酸镁或硫酸钠 300～500 克溶于 2 000～3 000 毫升水中,给病兽灌服,以促使其加快排泄。若病兽并发胃肠炎时,可将磺胺脒 30～40克,鞣酸蛋白 20～50 克,溶于 500～1 000 毫升水中灌服。此外,也可用硫酸亚铁 7～15 克加水适量进行灌服。对病兽增喂青绿饲草及胡萝卜,有助于其康复。

四、大葱中毒

【病　因】 由于喂给大葱超量所致。正常喂量每只貂、狐、貉等动物日给量 10～15 克,日给量过大会引起中毒。实践证明,每只水貂日喂大葱 30 克以上,可引起慢性中毒,70 克引起急性中毒,90 克致死。

【临床症状】 慢性病例精神沉郁,被毛蓬乱,卧笼不起。颤抖,频排酱油样血尿,站立不稳,全身有节奏地颤动。饮水增加,食欲废绝,两眼紧闭,结膜黄白色。

【病理剖检】 剖检可见尸体营养良好,肝脏呈土黄色,质地脆弱,肿大 1.5 倍,切面外翻,流出少量酱油样血液。肾、脾肿大。

【防　治】 立即停喂大葱,加喂一些绿豆水。每头兽每次皮下注射 5％葡萄糖注射液,加维生素 C 2 毫升,安钠咖 2 毫升,每日 2 次;或每次肌内注射安洛西注射液 1 毫升,每日 2 次,止血。采取上述措施,3 天后明显好转,7 天后恢复正常。

五、硝酸盐和亚硝酸盐中毒

【病　因】 堆放过久或浸泡时间过长、焖煮过久的蔬菜,其中的硝酸盐含量较高,还会转变为亚硝酸盐,饲喂毛皮动物易发生中毒。

【症　状】　患兽表现突然死亡。流涎,腹痛,呕吐,呈缺氧状态,呼吸困难,黏膜发绀,昏迷等。

【防　治】　肌内注射1%美蓝注射液,1毫升/千克体重,每日1次,连续3～5天。

做好蔬菜贮存保管工作,一定要保证饲喂毛皮动物的蔬菜类是新鲜的。凡经过堆放、受过雨淋及暴晒的蔬菜,不能供毛皮动物饲用。

六、毒鱼中毒

【病　因】　有些水产鱼类,如河豚鱼、繁殖期的青海湟鱼、新捕捞的巴鱼及一些鱼卵,都可引起毛皮动物中毒。

【症　状】　患兽一般表现食欲不振,大批剩食,呕吐,喜卧,后躯麻痹以及抽搐等。

【防　治】　立即停喂有毒的饲料,调整兽群的饮食。个别的病例,可采取强心补液、解毒等综合措施。

七、霉玉米中毒

【病　因】　由饲喂发霉变质的玉米饲料引起。霉玉米中主要有3种毒性较强的镰刀菌,产生毒素,引起中毒。

【症　状】　患兽表现食欲减退,呕吐,拉稀,精神沉郁。出现神经症状,口吐白沫,角弓反张,癫痫性发作等。

【防　治】　立即停喂有毒发霉玉米饲料。在饲料中加喂葡萄糖、绿豆水解毒。防止出血,可用止血剂维生素K等。

八、食盐中毒

【病　因】　饲喂食盐过量或饲料中含盐量过高及食盐末搅拌不均匀等,都可造成部分毛皮动物发生食盐中毒。

【症　状】　患兽出现口渴、兴奋不安、呕吐、流涎症状,有的呈现急性胃肠炎症状,活动障碍等。呼吸急促,瞳孔散大,全身无力,可视黏膜呈青紫色。重症者,往往口吐白沫,有癫痫性发作,运动失调,嘶哑尖叫,尾根翘起,疝痛,腹泻。死前四肢痉挛、麻痹,昏迷。

【防　治】　立即饮水,同时喂给牛奶,停止饲喂含盐的饲料。患兽高度兴奋不安者,可给溴化钾等镇静药物。维持心脏功能,可皮下注射 10% 樟脑油,剂量为 0.2~0.5 毫升/只。

九、肉毒梭菌中毒

【病　因】　本病是由梭状芽孢杆菌属肉毒梭菌污染肉类或鱼类等动物性饲料,产生大量外毒素,导致人或动物急性食物性中毒的疾病。该病主要特征是神经和横纹肌不全麻痹或麻痹,病兽全身瘫软,死亡率很高的急性中毒病。

所有毛皮动物都可引起中毒,水貂较敏感。没有年龄、性别和季节的区别,常呈群发性,病程 3~5 天,个别的 7~8 天。

【症　状】　病兽表现运动不灵活、躺卧、不能站立,前后肢出现不全麻痹或麻痹,不能支撑身体。拖腹爬行(即海豹式行进)。病兽行走困难,常滞留于小室口内外,瘫痪无力。有的病兽表现神经症状,流涎,吐白沫,颌下被毛湿润,瞳孔散大,眼球突出。有的病兽痛苦尖叫,进而昏迷死亡,较少看到呕吐和腹泻。有时无明显症状而突然死亡。

【病理剖检】　剖检可见胃肠黏膜有充血、出血,附有黏液,肝脏充血、淤血,三界清楚。肺及肋膜有出血斑。

【诊　断】　根据食后 8~12 小时突然全群性发病,多为发育良好、食欲旺盛的个体,出现前述症状和大批死亡等情况,可怀疑肉毒梭菌毒素中毒。进一步诊断,可将动物吃剩下的饲料和死兽的胃肠内容物,做敏感动物饲喂试验。

【防　治】

1. 预防　最重要的是动物性饲料要保持新鲜、不受污染、不变质。使用冷藏的肉类及其副产品时，应速冻、速化、速加工。冷库、饲料加工机械等应经常洗刷和消毒。在非安全地区，每年在发病季节前(7～8月份)进行1次预防接种，每只毛皮动物皮下注射1毫升C型肉毒梭菌苗或干粉疫苗，可获得可靠的免疫力。

2. 治疗　应立即更换饲料，然后尽快用C型抗毒素静脉或肌内注射，剂量可大一些，4～6日重复1次，治疗效果很好；也可强心利尿，皮下注射5％葡萄糖注射液。

十、动物酸败脂肪中毒

【病　因】　动物脂肪，特别是鱼类脂肪，含不饱和脂肪酸多，易氧化酸败变黄，释放出一种酸败味，分解产生神经毒和麻痹毒等有害物质，在低温条件下，发生缓慢的氧化。所以，冻贮时间长的鱼类饲料，是引起毛皮动物急、慢性黄脂肪病的主要原因，尤其含脂肪量高的带鱼、油和子鱼等更为严重，加之在饲料中不注意维生素E的补给或补给不足，容易引起此病。

【临床症状】　经常喂以冻贮鱼、肉饲料为主的毛皮动物易出现此病，一般多以食欲旺盛或发育良好的幼龄兽先受害致死，急性病例突然死亡，大群患兽食欲不振，精神沉郁，不愿活动。出现腹泻。重者后期排煤焦油样黑色稀便，或后躯麻痹、腹部尿湿，常在昏迷状态下死亡。慢性病例出现脱毛、贫血、自咬等症，逐渐消瘦。貉则出现"白鼻症"、"红爪病"等。

【防　治】　注意饲料的质量，加强冷库的管理，发现脂肪变黄或酸败的鱼、肉饲料，要及时处理或废弃。此外，以喂鱼类饲料为主的毛皮动物，一定要注意或重视维生素E的补给。

应立即停喂变质霉败的动物性饲料，加喂维生素E。对大群有重点地挨只检查，触摸腹股沟脂肪的变化，发现有脂肪肿块或下泻，都应列为治疗对象。

病兽每日肌内注射维生素 E 0.5～1 毫升,复合维生素 B 注射液 0.5 毫升,青霉素 20 万单位,地塞米松 1.25 毫克,每日 1 次,连续用药 3～5 天。身体消瘦的病兽,可皮下注射 25％葡萄糖注射液 5～10 毫升。

第六节 营养和代谢性疾病

一、各种维生素缺乏病

维生素缺乏症是毛皮动物日粮中维生素缺乏或不足而引起的综合性疾病。

【病　因】 引起维生素缺乏的原因有:日粮中的营养不全价;饲料中的维生素在加工调制过程中被破坏;饲料贮存过程中维生素被破坏;饲料中存在着相互拮抗的物质;动物吸收合成障碍;维生素添加剂调和不匀等。

【临床症状】 各种维生素缺乏症的表现如下。

1. 维生素 A 缺乏症 主要表现为生长发育缓慢,视力下降,繁殖功能障碍。患兽发病期间有不同程度的神经症状,有明显的干眼病。仔兽腹泻,粪便内有多量的黏液和血液。

2. 维生素 E 缺乏症 常引起母兽不孕、死胎或流产,公兽睾丸上皮变性,精液品质下降。

3. 维生素 K 缺乏症 表现为新生仔兽大批死亡,具有明显的广泛性出血性素质。

4. 维生素 B_1 缺乏症 主要表现为运动失调,母兽产仔率下降,甚至出现死胎。剖检时脑两侧均有出血区。

5. 维生素 B_2 缺乏症 主要表现皮炎、被毛脱色和生长缓慢,色素沉着破坏,肌肉痉挛无力。

6. 维生素 B_3 缺乏症 主要表现被毛脱色,皮肤脱屑及神经症状。

7. 维生素 B$_6$ 缺乏症　公兽出现无精,母兽引起空怀及胎儿死亡。健壮公兽发生尿结石。

8. 维生素 B$_{12}$ 缺乏症　表现贫血,可视黏膜苍白,消化不良。

9. 维生素 H 缺乏症　主要引起表皮角化,被毛卷曲及自身剪毛现象。

10. 维生素 C 缺乏症　妊娠母兽缺乏时常常引起仔兽的红爪病。因缺乏常患坏血病、腹泻和生长停滞。

【防　治】　为预防各种维生素的缺乏症,除了扩大动物的采食范围、种类及在日粮中补饲新鲜蔬菜、牛奶和鲜肝等,必要时应加入各种添加剂,如酵母、鱼肝油等。一旦发病,应采取具体的措施进行治疗。常用维生素防治剂量见下表 5-1(以水貂为例)。

表 5-1　水貂每千克体重维生素防治剂量　（单位:毫克）

剂　量	维生素种类							
	A(单位)	E	B$_1$	B$_2$	B$_3$	B$_6$	B$_{12}$	C
预防剂量	400～500	3～5	0.3～0.5	0.2～0.3	0.2～0.3	0.5～0.7	2～3	10～15
治疗剂量	500～600	15～20	0.6～1	0.3	0.5	1～1.5	10～15	20

二、佝 偻 病

佝偻病是仔兽钙、磷代谢障碍引起骨组织发育不良的一种非炎性疾病。

【病　因】　哺乳期母兽母乳中缺乏维生素 D;仔兽断奶后饲料中维生素 D 含量不足,或缺乏足够的日光照射;幼兽消化功能紊乱,导致机体对维生素 D 的吸收率降低。

【症　状】　病初患兽精神沉郁,食欲减退,体质消瘦,步态蹒跚,腹泻。随着病程的进展,表现肌肉松弛,关节肿大,肋骨下端明显凸起,四肢骨变形,不能站立。常死于败血症、消化道及呼吸道感染。

【防　治】

1. 预防　日粮中要添加维生素 D,每千克体重 100 单位。多供给含磷、钙丰富的饲料。

2. 治疗　治疗时,每只患兽每日喂鱼肝油 500～1 000 单位,连用 2 周。严重病例,可肌内注射维丁胶性钙注射液,每日 1 次,每次 0.5 毫升,连用 7 天。

三、自咬病

自咬病是肉食性毛皮动物多见的一种疾病。病兽自己咬自己的尾巴、后肢或其他部位。患兽若自咬程度剧烈,往往继发感染而死亡或被淘汰。

【病　因】　目前对本病研究得尚不充分。有人认为是营养代谢性疾病,有人认为是传染病,有人认为是寄生虫病,还有人认为是肛门腺堵塞所致。狐、貂、貉、犬等均可发病,无季节性。

【症　状】　急性病例病程为 1～20 天,死亡率高达 20%。患兽表现极度兴奋不安,反复发作,疯狂的咬自己的尾、爪、四肢及后躯各部,自咬的位置基本上是一个部位。发作时常呈旋转式运动,并发出刺耳的尖叫声,咬断被毛,啃破皮肤、肌肉,严重者咬掉尾尖,被毛残缺不全。发病时间往往在喂食前后或突然刺激时。啃咬的部位常血肉模糊并继发感染,严重者导致死亡。慢性病例多呈良性经过,兴奋程度较低。

【诊　断】　根据临床症状即可确诊。

【防　治】　目前尚无特异的治疗方法,常采取对症疗法。如在兴奋发作时可肌内注射盐酸氯丙嗪和维生素 B_1 注射液,剂量分别为 0.5 毫升和 1 毫升。局部咬伤部位,可涂碘酊或撒布少量高锰酸钾粉。为防止继发细菌感染,可肌内注射青霉素和链霉素,

2万～4万单位/千克体重。加强饲养管理,保证饲料质量及各种营养物质的适宜搭配。防止饲料中维生素和无机盐的供给不足,保证饲料的新鲜、稳定。对患兽、可疑患兽用过的笼子和小室,要彻底消毒。

第七节 普 通 病

一、感 冒

【病 因】 多是气温骤变,粪尿污染,垫草潮湿,小室保温不良,受贼风侵袭,长途运输等引起。

【临床症状】 感冒在临床上的表现是上呼吸道发生感染。由于被侵害的部位不同,临床上可出现急性鼻炎、咽喉炎和气管炎。患病的毛皮动物种类表现精神沉郁,食欲减退或废绝,体温升高,有的从鼻孔中流出浆液性鼻汁,咳嗽,呼吸浅表、加快,有的出现呕吐。

【防 治】 用安痛定注射液0.5～1毫升,青霉素15万～20万单位,肌内注射,每日2次。改善饲养管理条件,注意防寒保温,喂给易消化、富有营养的饲料。

二、胃 肠 炎

【病 因】 主要由采食变质饲料或饮水污染(有毒物质或病原体)所致;也常见于继发某些胃肠道疾病;偶尔见于气候骤变,动物抵抗力降低时,肠道条件性病原菌毒力增强也引发本病。

【临床症状】 貂、狐、貉、兔、海狸鼠等动物胃肠炎,发病急剧,表现呕吐、剧烈腹泻,粪便混有黏液或血液,呈煤焦油状,恶臭;体温升高,后期腹痛剧烈,肛门松弛,排便失禁或里急后重;全身肌肉震颤或痉挛、昏迷等神经症状而死亡。

【病理剖检】 剖检可见胃肠内容物稀薄,混有黏液或血液,恶臭;肠黏膜充血、出血或假膜和溃疡灶。

【防 治】

1. 预防 重视饲料与饮水质量和清洁卫生,改进饲养方法,建立健全合理的饲养管理制度。

2. 治疗 灌服 5％硫酸钠溶液或植物油以清理胃肠,抑菌消炎可肌内注射黄连素 1～5 毫升/只,每日 1 次,连用 2 天;补液用20％葡萄糖注射液 10～50 毫升/只,静脉注射或肌内分点注射;收敛防腐制酵剂可用氯霉素 0.25 克,鞣酸蛋白 0.3 克,复合维生素B 0.25 克混合研成粉末以蜜调味,每日 1 次,连用 2 天。

三、水貂尿结石

在水貂养殖过程中,因饲养管理失宜,水貂尿结石时有发生,多见于断奶后的幼貂,尤其是公貂更多见,而成貂发病较少。

【发病特点】 本病主要发生在 6～8 月份,特别是炎热潮湿的季节,营养良好的幼貂突然发病,尤其是公幼貂。

【症 状】 病貂表现精神不安,后肢叉开行走,排尿时尿液呈点滴状,有的排出血尿;尿道口及腹部被毛浸湿,腹围增大。慢性病例多表现步态不稳,后肢麻痹。有的水貂未见任何异常突然死亡,剖检时主要病理变化是肾脏和膀胱内有大小不等的结石,结石周围组织有炎症变化或出血、溃疡灶。

【发病原因】

1. 长期饲喂富含矿物质过多的饲料 水貂在饲养过程中,若在日粮中长期超比例给予麸皮或谷物类饲料,特别是不按比例加入和超量加入矿物质添加剂,就容易形成高钙血症和高钙尿症,为碳酸钙尿结石的形成奠定了基础而引起本病的发生。

2. 维生素 A 缺乏 由于维生素 A 缺乏,可使中枢神经调节盐类形成的功能发生紊乱,导致尿路上皮角化及脱落,促使尿结石的形成。

3. 饮水缺乏　炎热的季节，水貂通过大量饮水调节体温变化，此时如果饮水不足，就会使尿液变浓，盐类浓度过高，容易出现结晶而形成尿结石。

4. 尿液理化性质的改变　尿液的 pH 值改变可影响一些盐类的溶解度。当尿液潴留时，其中尿素分解生成氨，使尿液变为碱性形成碳酸钙、磷酸钙、磷酸铵镁等尿结石；而酸性尿液容易促进尿酸盐尿结石的形成，尤其尿中柠檬酸盐的含量下降，容易发生钙盐沉淀形成尿结石。

5. 泌尿系统发生感染　当肾和尿路发生感染时，尿中细菌和炎性产物积聚，可成为盐类结晶的核心，尤其是肾脏的炎症，可使尿中晶体和胶体的正常溶解与平衡状态破坏导致盐类晶体易于沉淀而形成尿结石。

【诊　断】　完全性尿道阻塞，可根据排尿障碍、触诊膀胱内有尿结石或尿砂进行确诊。不完全性尿道阻塞，可根据病貂行为表现做出初步诊断。为了确诊应根据病理剖检的结果作为诊断依据。

【防　治】

1. 预防　为预防尿结石的形成，从 4 月份开始到剥皮期可按饲料量的 0.8% 添加 75% 磷酸液（或 20% 氯化铵液），使日粮的酸碱度为 6；每只貂每日 1～2 毫升，连用 3～5 天，停药 3～5 天，如此反复饲喂 1 个月。实践证明：在日粮中添加适量的食用醋，可有效地预防尿结石的发生；日粮中增加肉类、脂肪、牛奶和蔬菜的比例，保证钙和磷的比例及足够的维生素 A，避免钙或磷过高。

2. 治疗　对不完全阻塞的病貂，早期应用乌洛托品 0.2 克，氨苯磺胺 0.1～0.2 克，萨罗 0.2～0.3 克，碳酸氢钠 0.2～0.3 克，内服，每日 1 次，连用 7 天。亦可采用中药疗法，其组方：海金沙 10 克，金钱草 30 克，鸡内金 30 克，石韦 10 克，海浮石 10 克，滑石

5克,粉碎后适量内服。

四、尿湿症

尿湿症是水貂、狐狸、貉、海狸鼠、兔等毛皮动物比较多见的一种普通病,因腹部绒毛被尿液浸湿、变黄甚至脱毛而得名。该病由于日粮中脂肪含量过高,磷和钾的比例关系失调而引起。

【症　状】　患尿湿症的毛皮动物多为营养不良,可视黏膜苍白,尿频而不直射,尿液淋漓。病程长者,尿液浸坏皮肤,出现皮肤红肿、糜烂和溃疡,甚至皮肤坏死。

【防　治】　减少日粮中脂肪的含量,增加糖类饲料量,供给充足的饮水。重者可投给乌洛托品,以解毒利尿。

五、流　产

毛皮动物的流产多发生在妊娠的中后期。

【病　因】　出现流产的原因很多,如捕捉方法不当,母兽突然受惊吓,或从高处跌下,饲喂霉烂变质的饲料,营养跟不上,或者冬季饮冰水等,都可引起母兽流产。

【症　状】　母兽流产时和正常分娩一样,但产出的是未成熟的胎儿,胎儿产出后有的被母兽吃掉。

【防　治】

1. 预防　加强饲料原料的管理,发霉、变质、冷冻时间过长(超过4个月)的原料不要使用;注意环境的安静,避免受到惊吓;加强抗应激(惊吓、鞭炮、陌生人进养殖区、养殖场内其他动物的奔跑和闯入等)的意识,并加大剂量使用抗应激的物质(如包被维生素C等);加强观察,多观察、细观察。

2. 治疗　发现有流产的先兆(没有到预产期就提前几天出血、产仔的),使用黄体酮片(1～3片/只·次)碾细、维生素K(1～3毫升)拌料或加入饮水中使用,以减少损失。

六、难　产

在正常饲养管理条件下,毛皮动物一般很少发生难产。但如果饲养管理不当,狐、水貂、貉、海狸鼠等会出现相应的难产现象。

【病　因】　胎儿过大;母兽产道狭窄;母兽体质消瘦,造成产力不足;体况过肥,产道脂肪化产仔过程中受到惊吓等,均可导致母兽难产。

【临床表现】　母兽表现不安,呼吸急促,回视,努责,排便,呻吟,两后肢拖地前进,阴部流出分泌物。

【诊　断】　预产期已到并已经出现临产征兆,时间超过 12～24 小时仍然不见产程进展,或者蜷曲在垫草上不动,甚至昏迷,不见胎儿,视为难产。

【防　治】

1. 预防　为防止母兽难产的发生,妊娠期饲料营养要适中,保持良好的繁殖体况,兽场要安静,禁止陌生人及陌生动物进入养殖场,母兽产仔时不得惊吓母兽。

2. 治疗　母兽一旦发生难产,可及时肌内注射脑垂体后叶素 0.5～1 毫升,经 30 分钟后还不能顺利产出时,可重复注射 1 次,经 24 小时还不能产出时,可进行人工助产或剖宫产。

人工助产时,用 0.1％高锰酸钾溶液清洗和消毒外阴部,然后用甘油或豆油作阴道润滑剂,用长嘴疏齿止血镊子,在手指的协助下将胎儿拉出。

七、乳　房　炎

本病为母兽乳房的炎症,多发生于狐、貉、犬、兔等毛皮动物。

【病　因】　主要由于仔兽咬伤或其他外伤引起感染,或母兽乳汁过多滞留而引起。另外,某些传染病,如结核杆病、布氏杆菌病等也可引发乳房炎。

【诊　断】

1. 病因分析　有无上述病因存在。

2. 症状检查　乳房潮红,拒绝仔兽哺乳,触诊乳房变硬,有痛感;严重者化脓,母兽发热和废食,不及时治疗可能引起败血症死亡。

【防　治】

1. 预防　临产前及产仔期加强母兽的饲养管理,保证产室和垫草的干燥、卫生;勤观察哺乳状态,发现问题并根据问题性质(缺乳或过多)采取措施。

2. 治疗　可用0.2%普鲁卡因注射液溶解青霉素后,在乳房炎症周围分点注射5～20毫升进行封闭治疗(按动物种类用量),效果明显,必要时隔日重复1次。对化脓性乳房炎,可手术排脓,用0.3%雷佛奴尔溶液洗涤后,涂抹消炎膏;对发热拒食母兽可用10%葡萄糖20～50毫升加维生素C1毫升皮下分点注射补液,同时分别肌内注射青霉素20万单位,维生素$B_1$1～2毫升。此外,还应根据母兽的泌乳情况和仔兽量调整日粮,以满足仔兽的食奶量。

八、阴道炎

阴道炎在毛皮动物中以狐、兔的患病概率较高,若治疗不及时,会影响母兽繁育,久治不愈,则导致败血症死亡。

【病　因】　犬、兔发情时间过长,交配不洁及膀胱、尿道和尿道前庭感染。犬、兔在分娩、难产矫正、流产、胎儿腐溶、胎衣滞留或配种后,子宫直接被病原菌污染或受到感染而发炎。病原菌主要是革兰氏阴性细菌,大肠杆菌、链球菌和葡萄球菌。

【症　状】　患兽自舔阴户,有尿频和少尿症状。出现血染的黏液样或黄色脓性排出物,阴唇往往肿胀,个别患病动物伴有体温升高39.5℃以上。检查阴道时可发现被覆一层灰黄色黏膜。

【诊　断】　根据临床症状、饲养情况、卫生条件可确诊。

【防　治】

1. 预防　加强饲养管理,保证卧室干净、卫生,卧室内铺垫柔软、清洁的干草,避免僵硬干草损伤阴部是预防本病的有效措施。

2. 治疗　采取以下 3 种方案治疗,效果良好。①取 2 年以上干净桃叶 50～100 克,洗净,加水 1 000 毫升煎熬,过滤去渣,冷却至 38.5℃时,然后抽取药水冲洗阴道,每日 1 次,连洗 3 次。②紫皮大蒜 15 克(去皮)捣烂,加清水滤汁后冲洗阴道,每日 1 次,连冲洗 3 次。③将 0.1％高锰酸钾溶液加温至 38℃左右,冲洗阴道 7～8 次,清除阴道污垢,防止继续感染,然后用苦参 15 克加水 700 毫升煎熬、滤汁,加 0.5 克碳酸氢钠 3 片,研细混入搅匀,给患兽灌服,1 次/日,20～50 毫升/次(依动物种类而定),连用 3 天。

复习思考题

1. 简述犬瘟热病的病毒特征、流行特点、病理变化及防治措施。

2. 狐加德纳氏菌病对养狐生产有什么危害? 人员在诊断这种疾病时应注意什么问题?

3. 简述毛皮动物球虫病的诱发因素、流行特点、病理变化及防治措施。

4. 如何避免毛皮动物发生自咬病?

主要参考文献

[1]　佟煜人，钱国成．中国毛皮兽饲养技术大全．北京：中国农业科技出版社，1990．

[2]　仇学军，毕金焱，华树芳．实用养貉技术．北京：金盾出版社，1997．

[3]　佟煜人，张志明．水貂标准化生产技术．北京：金盾出版社，2007．

[4]　朴厚坤，王树志，丁群山．实用养狐技术（2版）．北京：中国农业出版社，2002．

[5]　李忠宽．特种经济动物养殖大全．北京：中国农业科技出版社，2000．

[6]　谷子林．獭兔养殖解疑300问．北京：中国农业出版社，2006．

[7]　谷子林．獭兔标准化生产技术．北京：金盾出版社，2008．

[8]　谷子林．怎样提高养獭兔效益．北京：金盾出版社，2007．

[9]　谷子林．肉兔无公害标准化养殖技术．石家庄：河北科技出版社，2006．

[10]　杜玉川．实用养兔大全．北京：农业出版社，1993．

[11]　谷子林．家兔饲料配方与配制．北京：中国农业出版社，2002．

[12]　谷子林．现代獭兔生产．石家庄：河北科技出版社，2002．

[13]　谷子林，薛家宾．现代养兔实用百科全书．北京：中国农业出版社，2007．

[14]　高振华，谷子林．优质獭兔养殖手册．石家庄：河北科技出版社，2004．

［15］　高玉鹏,任战军.毛皮与药用动物养殖大全.北京：中国农业出版社,2006.

［16］　李家瑞.特种经济动物养殖.北京：中国农业出版社,2002.

［17］　李铁栓,等.特种经济动物高效饲养技术.石家庄：河北科学技术出版社,1999.

［18］　白秀娟.养狐手册.北京：中国农业大学出版社,1999.

［19］　朴厚坤,王树志,丁群山.实用养狐技术.北京：中国农业出版社,1998.

［20］　李忠宽,魏海军,程世鹏.水貂养殖技术.北京：金盾出版社,1997.

［21］　杨福合.毛皮动物饲养技术手册.北京：中国农业出版社,2000.

［22］　关中湘,王树志,陈启仁.毛皮动物疾病学.北京：中国农业出版社,1982.

金盾版图书,科学实用,
通俗易懂,物美价廉,欢迎选购

肉鸡良种引种指导	13.00 元	雏鸡养殖(修订版)	9.00 元
土杂鸡养殖技术	11.00 元	野鸭养殖技术	4.00 元
果园林地生态养鸡技术	6.50 元	野生鸡类的利用与保	
养鸡防疫消毒实用技术	8.00 元	护	9.00 元
鸡马立克氏病及其防制	4.50 元	鸵鸟养殖技术	7.50 元
新城疫及其防制	6.00 元	孔雀养殖与疾病防治	6.00 元
鸡传染性法氏囊病及		珍特禽营养与饲料配制	5.00 元
其防制	3.50 元	肉鸽信鸽观赏鸽	6.50 元
鸡产蛋下降综合征及		肉鸽养殖新技术(修订版)	10.00 元
其防治	4.50 元	肉鸽鹌鹑良种引种指导	5.50 元
怎样养好鸭和鹅	5.00 元	肉鸽鹌鹑饲料科学配制	
蛋鸭饲养员培训教材	7.00 元	与应用	10.00 元
科学养鸭(修订版)	13.00 元	鸽病防治技术(修订版)	8.50 元
肉鸭饲养员培训教材	8.00 元	家庭观赏鸟饲养技术	11.00 元
肉鸭高效益饲养技术	10.00 元	家庭笼养鸟	4.00 元
北京鸭选育与养殖技术	7.00 元	爱鸟观鸟与养鸟	14.50 元
骡鸭饲养技术	9.00 元	芙蓉鸟(金丝鸟)的饲	
鸭病防治(修订版)	6.50 元	养与繁殖	4.00 元
稻田围栏养鸭	9.00 元	画眉和百灵鸟的驯养	3.50 元
科学养鹅	3.80 元	鹦鹉养殖与驯化	9.00 元
高效养鹅及鹅病防治	8.00 元	笼养鸟疾病防治	3.90 元
鹌鹑高效益饲养技术		养蜂技术(第二次修订版)	9.00 元
(修订版)	14.00 元	养蜂技术指导	9.00 元
鹌鹑规模养殖致富	8.00 元	实用养蜂技术	5.00 元
鹌鹑火鸡鹧鸪珍珠鸡	5.00 元	简明养蜂技术手册	7.00 元
美国鹧鸪养殖技术	4.00 元	怎样提高养蜂效益	9.00 元

以上图书由全国各地新华书店经销。凡向本社邮购图书或音像制品,可通过邮局汇款,在汇单"附言"栏填写所购书目,邮购图书均可享受9折优惠。购书30元(按打折后实款计算)以上的免收邮挂费,购书不足30元的按邮局资费标准收取3元挂号费,邮寄费由我社承担。邮购地址:北京市丰台区晓月中路29号,邮政编码:100072,联系人:金友,电话:(010)83210681、83210682、83219215、83219217(传真)。